超越当下

场所审美视角下的
建筑现象学

后盾 ············ 著

内容提要

本书运用现象学的理论方法,考察人对场所的审美感知过程,以弥补当下"建筑现象学"领域忽略个体意识的研究缺陷。全书以胡塞尔的意识学说为出发点,分析人对陌生场所的认知和对场所的审美体验;通过海德格尔对艺术本质的见解,挖掘场所审美的内在价值;既是对现实的肯定,又是对日常生活的审美性超越;分析了一些绘画、园林、文学、戏剧、音乐作品对非现实空间和场景的营造,以及一些建筑作品试图摆脱时间藩篱、展现永恒之美的倾向。本书作为建筑理论和美学论著,供相关专业人士参考,同时也为哲学专业人士提供借鉴。

图书在版编目(CIP)数据

超越当下:场所审美视角下的建筑现象学 / 后盾著
. — 上海:上海交通大学出版社,2024.4
ISBN 978-7-313-30707-1

Ⅰ.①超… Ⅱ.①后… Ⅲ.①建筑学-现象学-研究 Ⅳ.①TI-024

中国国家版本馆 CIP 数据核字(2024)第 095541 号

超越当下——场所审美视角下的建筑现象学
CHAOYUE DANGXIA — CHANGSUO SHENMEI SHIJIAO XIA DE JIANZHU XIANXIANGXUE

著　　者:	后　盾			
出版发行:	上海交通大学出版社	地　　址:	上海市番禺路 951 号
邮政编码:	200030	电　　话:	021-64071208
印　　刷:	上海景条印刷有限公司	经　　销:	全国新华书店
开　　本:	880mm×1230mm　1/32	印　　张:	7
字　　数:	200 千字		
版　　次:	2024 年 4 月第 1 版	印　　次:	2024 年 4 月第 1 次印刷
书　　号:	ISBN 978-7-313-30707-1		
定　　价:	68.00 元		

版权所有　侵权必究
告 读 者: 如发现本书有印装质量问题请与印刷厂质量科联系
联系电话: 021-59815621

前　言
PREFACE

　　1995年的夏天,我作为一名建筑学本科二年级的学生,和同学们一起在安徽西递村参加暑期美术实习,对当地的徽派建筑写生。当时的西递村虽已经过商业开发,但游客数量还不算很多。我每天总有足够的时间进入村落深处,享受古村原有的气息。那一天傍晚,我坐在一条小溪边,架着画架,正将对面的旧宅涂抹在画纸上。当时夕阳落山,天色逐渐变暗,我本该抓紧时间在天黑前把画完成,却只盯着眼前的场景出神。不知从何时起,周遭的氛围似乎变得异样了起来,那屋檐下的阴影,斑驳的墙面,青石板地面泛起的微弱亮光,伴着一旁窗口透出的些许灯光,一切都显得那么不真实。这种氛围似曾相识,却并非来自现实,而是来自梵高画笔下被黄色灯光笼罩的咖啡馆。我困惑于自己身处何时何地,仿佛并非20世纪的徽州古村,而是19世纪的西欧小镇。多日来已司空见惯的景象,此刻竟然变成了另一番风景。恍惚中,我好像又回到了故乡,上海西区的那些街道,街灯把晃动的梧桐树影打在路边房屋的墙上。此刻,徽派建筑的白墙黑瓦、高低起伏的马头墙在我眼中已失去了意义,我完全沉浸于对当下时空的迷失中,体验着一份亘古的祥和与静谧。然而,转瞬之间,我又恢复了对现实的清醒认知,明确了周围的环境,眼看天色已晚,匆匆收拾起画板回到民宿。

在我告别西递村后,那种对现实场所的迷失感又在生活中出现过几次,每次它来临的时候,无论熟悉还是陌生的地点,周遭环境总是在不经意间变得异样起来,好像笼罩在来自另一个时空的氛围里。对于这种体验,我在多次经历后虽然已经没有了新鲜感,但每一次仍令我感到享受。然而这种神奇的感受和这种审美体验究竟来自何处?自从在西递村经历的那一天起,建筑学对我而言已经有了不同的意义,因为我意识到,建筑之美不在于房屋形体与外部的装饰,而在于它的尺度和与光影共同营造的场所氛围。我不由得许下了一个心愿,要为这一切寻找一个合理的、专业的解释。这个心愿虽然在很长时间里都未能实现,却也始终没有被忘却,直到有一天,在一本名为《建筑现象学》的书中,我读到了下面这段文字:

> 当注视着那些自身平和的物体和建筑时,知觉就变得安静和迟缓。观察到的对象对我们来说没有信息,它们仅是简简单单地在那里。我们的知觉器官变得安静,不带偏见,没有欲望。这种知觉超越了符号和象征,它们是开放和通彻的,好似可以从某种我们无法在其上集中意识的事物上看出什么。在这里,在这种知觉的真空中,一种记忆,那种如同从时间的深处生发出来的记忆,得以出现。[①]

这段文字来自瑞士建筑大师彼得·卒姆托,旅美学者

---

① 转引自沈克宁. 建筑现象学[M]. 北京:建筑工业出版社,2007:66.

沈克宁为了阐述人在生活体验中对建筑的知觉，特地在书中引用了这番话。我一读到这段内容，顿时感到于我心有戚戚焉，因为文中所表达的，分明就是当年我在西递村经历过且此后又一再重温的那种场所迷失感。更令我欣慰的是，不光是我，还有其他人也有过类似的体验，而我难以用语言表达的感受，已经被他人生动地描述，并上升到理论层次了。通过这本书，我也了解了"建筑现象学"这门交叉学科。单单针对名称来分析词性，它的中心词应该是"现象学"，"建筑"只是修饰词。但读罢全书，我发现这门学科主要针对的还是各种建筑现象，只是用了现象学这个现代哲学理念作为理论工具。由于这本书的主要目的是推广建筑现象学，所以内容更多地集中在普及学科常识，介绍它的起源、发展、主要分支流派、主要人物和观点等，而对于我感兴趣的方面只是蜻蜓点水、一笔带过。其实对于场所迷失感，我认为可以用最基本的现象学理论来解释：因为出神，导致知觉的"安静和迟缓"，意识对当下身处的场所采取了"悬置"的态度，放弃了对其真实性的判断且"不带偏见"，使之"还原"为纯粹的景观"现象"，同时"从时间的深处生发出来的记忆"适时出现，取代了原有的真实环境，使得当下场景在意识里显现为另一个时空。当然，这样的解释在理论层次上是肤浅的，但至少为我指明了寻找答案的方向。

  如今又过去了许多年，虽然其间我一直在努力钻研现象学，仍不能说已经掌握了这门复杂的理论，最多只是入门而已。但至少运用现象学的原理来分析场所迷失感的意识根源，或者解释其他与建筑相关的问题，我多少还是有了些底气，可以写一本专著来展示这些年的研究成果。这本书集中了我攻读博士学位期间及之后几年的思考和收获，虽然也涉及建筑现象学，但我并不打算像沈克宁先生那样对这门学科做全面的介绍,而只想抓住其中一两个问题深入挖掘,同时对沈克宁先生的论述从哲学角度加以诠释。严格地说,前文反复提到的迷失感是一种针对特定场所与环境的审美体验,这正是本书的主要研究对象——场所审美。本书以此为视角来审视建筑现象学,不仅用现象学来解释建筑现象,也试图通过建筑和场所审美实现对现象学的反向诠释。而这种从"迷失"出发的审美体验,是对当下真实场所的错觉,更是对此时此地,对日常生活和日常生活环境的审美——这就是本书主书名"超越当下"的含义。除此之外,人们通过一些独特的设计手段,还可以让建筑表现出对空间的延伸或是对时间的脱离,由此达成对现实的超越性审美,这也是本书的另一关注点。

  对于所谓场所迷失感,相信很多人在日常生活中都曾有过,或是对再熟悉不过的场所产生一丝陌生感,或是发觉本应陌生的环境莫名地似曾相识——就是这种体验最基本的两种形态。只不过,多数人都不会把它放在心上,更不会执着于寻求学术层面的解释。但如果有人和我一样,对此也抱有兴趣的话,不妨就随着这本书一起,展开一次既有些晦涩又充满乐趣的审美之旅吧。

目 录
CONTENTS

第一章 关于建筑现象学 …………………………… 1
 第一节 现存问题和解决途径 …………………… 1
  一、建筑现象学的发展和现状 ………………… 1
  二、回到胡塞尔 ………………………………… 9
  三、理解海德格尔 ……………………………… 17
 第二节 场所、空间与建筑 ……………………… 22

第二章 场所认知与场所审美 …………………… 30
 第一节 场所认知 ………………………………… 30
  一、视域和时间域 ……………………………… 30
  二、统觉和共现 ………………………………… 35
  三、作为绝对意识的体验 ……………………… 40
  四、对陌生场所的认知过程 …………………… 44
 第二节 场所审美 ………………………………… 52
  一、绝对意识之流中的被动回忆 ……………… 52
  二、对场所的被动回忆 ………………………… 59
  三、被动回忆中的期待和想象 ………………… 63
  四、场所迷失体验 ……………………………… 68

第三章　场所审美中的空间性与时间性 ········· 75
　　第一节　视域的扩展：世界 ················· 75
　　　　一、记忆的贮藏库 ······················ 75
　　　　二、从视域到世界 ······················ 82
　　　　三、从认知的世界到审美的世界 ········· 89
　　　　四、世界与家园 ························ 93
　　第二节　世界的时间性 ····················· 98
　　　　一、未来与四维时间观 ·················· 98
　　　　二、对未来的筹划与开抛 ··············· 100

第四章　场所审美的超越意义 ··············· 109
　　第一节　场所作为艺术作品 ················ 109
　　　　一、真理与作品 ······················· 109
　　　　二、作为审美对象的景观 ··············· 113
　　第二节　在场所中"诗意地栖居" ··········· 121

第五章　超越当下的意向空间 ··············· 127
　　第一节　对现实的暴露与掩盖 ·············· 127
　　第二节　艺术作品中的空间营造 ············ 136
　　　　一、画幅外的空间延伸 ················· 136
　　　　二、"法境"视角下的中国园林 ········· 143
　　　　三、世界——意象空间的延伸方向 ······ 150
　　第三节　文学作品对场所的疏异化描写 ····· 156

第六章　超越当下的永恒时间 ··············· 162
　　第一节　永恒的象征——废墟 ·············· 162
　　第二节　超越时间维度的建筑 ·············· 170
　　　　一、摆脱时间的建筑审美 ··············· 170

二、摆脱时间的建筑实例 …………………… 177

第七章　结　论 ……………………………………… 187
　第一节　哲学理论与建筑设计 …………………… 187
　　一、设计何为 ………………………………… 187
　　二、建筑审美的主体间性 …………………… 193
　第二节　器具的称手与技术的救渡 ……………… 199

后　记 ………………………………………………… 201
参考文献 ……………………………………………… 204
索　引 ………………………………………………… 212

第一章
关于建筑现象学

第一节 现存问题和解决途径

一、建筑现象学的发展和现状

自从建筑学成为一门学科以来,研究和考察建筑就有很多种方法:既可以从功能入手,探讨建筑在使用上是否方便合理;又可以从技术入手,探讨建筑的结构是否坚固;还可以从形式入手,探讨建筑形态的美观和谐。两千多年前,古罗马建筑理论家维特鲁威提出了建筑"实用、坚固、美观"的三项基本原则,表明人们对建筑的考量自古以来就不局限于物质层面,还延伸到了精神层面。对于建筑精神层面上的意义,不同人的理解和侧重点也不相同:有人关注建筑的外观,建筑的形体比例、装饰、色彩这些可以被量化的、理性的成分;有人关注建筑是否能让人感到人情味,带给人如安定感等感性的心理需求;还有人从建筑的发展历程出发,去探寻形式与风格背后的历史文脉,挖掘建筑所体现的时代特征等。"建筑现象学"是近些年来在建筑学界受到广泛关注的一个领域,它也关注建筑精神层面的意义,但研究对象不同于上述几种，既不是建筑外观形体的美学原则，也不是建筑风格流派的历史传承，而是人对建筑的心理体验，或者说建筑在人意识中的呈现方式。

尽管"现象学"的起源可以一直追溯到黑格尔，但通常来说，现象学这一现代西方哲学重要流派是由德国哲学家胡塞尔在 19 世纪末奠基的基础。在胡塞尔的现象学原理中，最基本的观察事物的原则就是"悬置"：为把握事物的本质，必须摈弃传统的理论化客观化的视角，将一切有关事物实在性的问题都存而不论，把一切存在判断"加上括号"排除在考虑之外，代之以直接的内省分析，从而实现"现象学的还原"，达到"回到事物本身"的目的。若以如是方式来审视建筑，则当我们面对建筑或由建筑所构成的景观和场所时，既要放弃探讨建筑的结构、功能与形式，也不要关心建筑形式背后的文化内涵，而要关注眼前的景观在人意识里的直接呈现。

事实上，对建筑现象学的研究不仅始于建筑界，还始于另一个领域——人文地理学（humanistic geography）。人文地理学亦称人本主义地理学，兴起于 20 世纪 70 年代，研究的是主观的地理知识，反对传统的实证地理学。研究者们将研究领域拓展到人文环境、区域和城市规划、景观和建筑设计，体现了它们对地方性意义，尤其是地方在建构个人与社会文化身份认同上的关注。一些人文地理学的代表人物运用现象学的方法来考察人与地理环境的关系，如加拿大学者雷尔夫研究了人主观体验中的地方性与非地方性，并通过对各种空间概念和场所现象的调查，指出人与环境的长期互动会导致全新的地方经验，以及特定场所的地方感与无地方感的形成根源；美籍华裔地理学家段义孚研究了人的环境知觉和"恋乡感"，探讨了科学意义的"空间"与人文意义的"地方"的差异，以及人们在其中所体验到的自由和安全感。这些研究成果也引起了建筑学界的注意，从 20 世纪 80 年代起，人文地理学界的现象学方法又被纷纷引入了建筑学的研究之中，用来考察人和建筑环境的相互关系，以及人对建筑与城市的主观体验。

  挪威建筑学者诺伯格-舒尔茨出版于20世纪80年代初的《场所精神：走向建筑现象学》一书，被认为是最早、最完整和系统地运用现象学理论，在精神层面探讨建筑和场所环境的著作。他引用了德国现代哲学家海德格尔提出的"栖居"概念，认为这一概念要求人在环境中辨认方向并与环境认同，由此体验到环境是充满意义的。[①] 他还借鉴了地理学的研究方法，从对自然场所的现象学式观察出发，归纳了浪漫式、宇宙式、古典式和复合式四种不同的地景，又运用这些不同的存在空间和环境特征体系来分析不同城市的人工环境，认为场所的整体氛围和具体形式共同决定了场所的"精神"。在稍后出版的《居住的概念：走向图形建筑》一书中，他继续遵循海德格尔的理念，认为居住意味着在人与给定环境之间建立一种有意义的关系，这就是人对一个地方的认同感和归属感，人由此确定自己存在于世的方法。[②] 美国城市理论家凯文·林奇同样关注场所对人心理层面的影响，他的作品《城市意象》勾勒了集体印象中的城市意象化景观，并探讨了这种空间记忆在城市与建筑设计中的作用。他指出：城市如同建筑，是一种空间的结构，只是尺度更宏大，需要用更长时间的过程去感知。每个人都会与自己生活的城市的某一部分产生密切的联系，对城市的印象必然沉浸在记忆中，意味深长。环境意向是个体头脑对外部环境归纳出的意向，是直接感觉和过去经验记忆的共同产物，我们的每个感官都会在城市中产生反应，综合后就成了印象。[③]

  诺伯格-舒尔茨认为，建筑师应当通过设计赋予一个地方以特性或者场所精神，才能给人带来认同感。场所精神首先取决于出现在

---

  ① 诺伯舒茨.场所精神：迈向建筑现象学[M].施植明，译.武汉：华中科技大学出版社，2010：3. 本文献的作者诺伯舒茨与文中所提诺伯格-舒尔茨均为挪威建筑学者Norberg-Schulz的中文译名，为不同译者的不同译法。本书在文献中遵重原作品，保留其原有译法，但在正文中统一采用"诺伯格-舒尔茨"这一译名，特此说明。
  ② 诺伯格-舒尔茨.居住的概念：走向图形建筑[M].黄士钧，译.北京：中国建筑工业出版社，2012：10-11.
  ③ 林奇.城市意象[M].方益萍，何晓军，译.北京：华夏出版社，2001：1，3.

大量事物和作品中的一种表现形式的方式,所以建筑师若要重塑城市特性,就必须运用空间图形并注重"图形质量",寻找"建造世界的有力图形"。[①] 他的这番观点是针对把建筑形式缩减为抽象元素的现代建筑,而且与后现代建筑肤浅的拼贴装饰相比,"图形建筑"的理念要更加深刻。但是,诺伯格-舒尔茨对"建筑现象"的认识毕竟还只是停留在视觉感知层面上的,而这正是另一些关注现象学的建筑学者力求突破的地方。早在 20 世纪 50 年代,丹麦学者拉斯姆森就创作了《建筑体验》一书,强调身体以及各种知觉对建筑和空间的体验,以及建筑材质的肌理、软硬、轻重等非视觉因素。虽然书中尚未出现"现象学"这一术语,但该部作品的确为以个体知觉作为基础的建筑现象学研究开创了先河。进入 20 世纪 90 年代后,更多建筑师认为,对建筑的感知不应当仅仅停留在视觉层面,而应扩展到身体的各种感官,他们的理论依据也不再是海德格尔的存在和栖居,而是法国哲学家梅洛-庞蒂对身体和知觉的现象学论述。

斯蒂文·霍尔是公认的运用现象学方法进行设计的建筑大师,他的理念就经历了从海德格尔向梅洛-庞蒂的转变。霍尔的早期著作《锚》立足于海德格尔关于场所和栖居的理论,强调建筑与其周边环境的相互联系,认为建筑应当紧密地锚固在所处的场所之中。后来他发现,梅洛-庞蒂的知觉现象学理论更加适合自己的设计理念,于是他致力于把建筑和日常经验相联系,试图超越孤立的感官体验,把对建筑的各种感知综合起来,以此作为设计的出发点。1993 年,霍尔受邀和另两位建筑师帕拉斯马、佩雷兹-戈麦斯合作,一起出版了《感知问题:建筑中的现象学》一书,充分表述了各自对建筑知觉和体验的认识。在书中,霍尔将人的感官所体验到的各种建筑现象归纳为"现象区",并从梅洛-庞蒂"位在中间状态"(in-between reality)的描述出发,总结出了人对建筑的"纠结的体验"和"完全的知觉"。

---

① 诺伯格-舒尔茨.居住的概念:走向图形建筑[M].黄士钧,译.北京:中国建筑工业出版社,2012:18、86.

"中间状态"指的是人在运动中观看事物时,在一定距离时对象变得不清晰,并在这一瞬间融入了背景。"纠结的体验"就和这种中间状态相关,它产生于重叠空间、材料和细节的不断展现,而建筑的前、中、远景与材料和光线的主观经验结合在一起,就形成了"完全的知觉"的基础。① 霍尔认为,建筑能够比其他艺术形式更充分地激发人的瞬间感知,各种元素共同作用,一起构成了建筑的整体特性,故而人们对建筑的整体知觉无法被分解为各种要素的简单集合。他反对建筑表面累赘的符号化装饰,认为二维图像或听觉空间都无法唤起对建筑的全面感知;他追求建筑的清晰质朴,强调通过亲身接触来感受建筑。可以说,霍尔的建筑审美观已经超越了单纯的外观与形体,而上升到整体氛围的层面。他要求在设计中把所有景象融合起来,将空间、光影、色彩、细部等作为连续的体验来考虑,让设计与知觉、气氛、气味、光线、材料、肌理、质感交织在一起,各种因素共同构成建筑,形成令人体会深刻的"纠结的体验"。由于这种体验是具体和复杂的,霍尔甚至怀疑是否可以用抽象的文字对其加以描述。

帕拉斯马与霍尔的建筑理念非常接近,《感知问题:建筑中的现象学》中的《建筑七感》一文和论文集《肌肤之目》是他的代表作。他反对视觉在建筑领域的霸权地位,强调各种知觉感官对建筑体验的重要意义。帕拉斯马认为,建筑领域对视觉的偏爱导致建筑丧失了在环境中身体与现实遭遇的现实本质,放弃了存在的深度而成为呈现视觉形象和图片的摄像机。相应地,人们的视觉被训练得将立体的事物压缩为平面的图形,人们也由此脱离了活生生的现实世界,而成为与世隔绝的生活的旁观者。建筑变成了为眼睛服务的舞台背景,要么在外形和装饰上日趋复杂华丽,通过对材质的炫耀引起公众的注目;要么浑身充斥各类拼贴符号,企图标榜或传统或现代的文化

---

① HOLL S. Phenomenal Zones[G]//HOLL S, PALLASMAA J, PEREZ-GOMEZ A. Questions of Perception — Phenomenology of Architecture. Tokyo: A+U Publishing, 2008:45.

内涵。为此,帕拉斯马要求超越单纯的视觉感官来考察建筑,并列举了声响、寂静、气味、触摸的形状、肌肉和骨骼的知觉等"建筑七感",希望通过不同的知觉来获得对建筑的全面体验。① 只有对触觉等知觉的恢复,人们才能重新运用肌肤之"目"来认识建筑的细部肌理、材料质感,尤其是砖、石、木这些自然材料,恢复人、建筑和生活世界之间的相互联系。

另一个反对"视觉霸权"的建筑师是佩雷兹-戈麦兹,他同样认为在时尚图像占据主导地位的当今社会,投影已经成了建筑的替代品,绘图集为我们提供了建筑和场所的图画,而这种图像是一种空虚的仿像,它导致了启示性的维度被抛弃和建筑师想象力的丧失。若要通过感官的奇迹来拯救建筑学,第一步就是去质疑透视及其仿像的霸权。他推崇米开朗琪罗式的透视法则:一切基于生命和运动,反对过多关注度量和比例的清晰性与确凿性。米开朗琪罗的建筑概念和体验就是基于这样的原则,所以他的作品能让人感觉身体好像在追逐建成的场所,因为建筑本身和人在一起运动。② 和霍尔一样,戈麦兹也认为对建筑的体验难以在事后通过文字进行转译,故而他认为建筑具有诗学的意义,所呈现就是自身形式的存在。③

综上所述,目前国际上对建筑现象学的研究大体上有两个方向,分别是以海德格尔和梅洛-庞蒂的哲学思想作为理论指导。第一条研究路径采用海德格尔的实存主义现象学方法,从场所和环境的意义入手,探索原本抽象的地域如何因建筑的存在而变为充满意义的场所。从这条路径入手的理论家以诺伯格-舒尔茨和林奇为代表,在建筑实践方面的代表则是意大利建筑师罗西。罗西认为建筑的本质

---

① PALLASMAA J. An Architecture of the Seven Senses[G]//HOLL S, PALLASMAA J, PEREZ-GOMEZ A. Questions of Perception — Phenomenology of Architecture. Tokyo: A+U Publishing, 2008: 27 - 38.
② 佩雷兹-戈麦兹. 透视主义之外的建筑再现[J]. 吴洪德, 译. 时代建筑, 2008(6): 73、76.
③ 佩雷兹-戈麦兹. 建筑空间: 作为呈现和再现的意义[J]. 丁力扬, 译. 城市·空间·设计, 2011(3): 10.

是文化的产物,联系着城市历史积淀的集体记忆,隐藏着世代相传的价值观,所以他试图树立一种理性的建筑原则,能够唤起建筑和城市的历史关联。为此,他将集体与个体、理性和记忆相结合,开创了"类型学"的设计理念。建筑现象学的另一个研究方向遵循了梅洛-庞蒂的知觉现象学理论,通过人与建筑的互动来探索人对特定场所的体验,强调人从身体知觉出发对建筑的全方位感知,帕拉斯马和佩雷兹-戈麦兹就是这一路径的代表。在实践的层面,霍尔和卒姆托从人的空间直觉和对建筑的体验出发进行创作,并通过各自的理论著作来诠释设计理念。其中卒姆托在2006年出版的《建筑氛围》一书中运用现象学的手法探讨了建筑的各个主题:建筑本体、材料的兼容性、空间的声音、温度、室内外张力、光等,同样涉及了不同感官对建筑的知觉体验。与霍尔不同的是,卒姆托从未在自己的著作中提到过"现象学"一词,但他的建筑思想和设计理念被公认为遵循了现象学的观念。

国内相关研究方面,1990年台湾东海大学举办的"第一届建筑现象学研讨会"是中文学术界最早的建筑现象学会议,发言收录在季铁男主编的《建筑现象学导论》中,书中还收录了胡塞尔、海德格尔、梅洛-庞蒂、巴什拉、雷尔夫、段义孚、诺伯格-舒尔茨等人的文章,这部文集也成为中文文献中较早和较全面介绍建筑现象学成果的书籍。到了20世纪90年代后期,建筑现象学一度成为国内建筑理论的研究热点,一批相关的理论如海德格尔、诺伯格-舒尔茨的著述被翻译成中文。同时,一些国内研究者运用现象学的方式分析了建筑现象,或以现象学为理论基础针对建筑空间和意义展开了研究,代表作品有陈伯冲的《建筑形式论:迈向图像思维》(1996)、李凯生与彭怒的《现代主义的空间神化与存在空间的现象学分析》(2003)、周凌的《空间之觉:一种建筑现象学》(2003)等;还有一批分析与现象学相关的建筑师的理论和作品的研究论文问世,如陈洁萍的《斯蒂文·霍尔建筑思想与作品研究》(2005)、贺玮玲的《弦外之音:海杜克的诗学建构与空间建构》(2008)等,都有很高的理论价值。

沈克宁于 2006 年出版的专著《建筑现象学》再度引起了国内学界对建筑现象学的关注,该书在中文文献中第一次全面、系统地总结了建筑现象学的整体知识框架及主要研究走向,对相关理论和概念进行了深入分析,分别介绍了建筑现象学的两条分支:受海德格尔哲学影响的,对场所精神和生活世界的研究;以及受梅洛-庞蒂影响的,对知觉、体验、光影和记忆的研究。另外,周诗岩的《建筑物与像:远程在场的影像逻辑》(2006)另辟蹊径,分析了建筑在电子传媒中的影像化呈现,人对以影像而非实体方式出现的建筑的解读。虽然该文未以"建筑现象学"的名义示人,但却提供了一种全新的建筑"现象"的存在可能,对人感知建筑的方式提出了新的思考。

2008 年在苏州召开的"现象学与建筑研讨会"是国内建筑和现象学学者的一次盛大聚会,也是内地首次举行关于建筑现象学的专题研讨会,与会者就建筑的本质和栖居的关系等话题进行了热烈的讨论,会后出版的论文集《现象学与建筑的对话》体现了国内建筑学和现象学界对建筑现象学这一交叉领域的关注热情和各自的认识。现象学方面,研究者们对海德格尔《筑·思·居》的讨论占据了相当的篇幅,邓晓芒、张廷国、张祥龙等国内哲学界的领军人物都从哲学角度探讨了人的栖居方式以及人与环境的相互关系。钱捷的《Nostalgia 和建筑》讨论了建筑和怀乡症的关系,指出了人的绽放和生存的本质在于精神上的怀乡,对存在本身的怀念,这也是建筑"让栖居"的本质意义体现。和现象学界不同,与会的建筑师们大多从现象学的启示出发,讨论体验、记忆、场所等与建筑相关的问题。郑时龄的《建筑空间的场所体验》探讨了建筑空间中体验和场所感的关系,沈克宁的《时间·记忆·空间》分析了记忆和期待与当下情境的关系,希望通过情节的设置加强在建筑设计中对个人体验的重视。贺玮玲和黄印武的《瓦尔斯温泉浴场:建筑设计中的现象学思考》是文集中唯一一篇将现象学理论运用于具体建筑案例分析的文章,该文指出了记忆对建筑体验的重要作用,同时强调哲学界和建筑界的现象学虽然无法严格一一互译,但将现象学在建筑界具体化又可以为现象学带来新的活力。

这次研讨会为国内建筑学和现象学界的互动开了个好头,此后双方有了更多的合作。2011年出版的《中国现象学与哲学评论》第11辑的主题就是"空间意识与建筑现象",倪梁康、沈克宁等来自各领域的研究者分别发表了关于人的空间意识、建筑如何表现空间和光影等题材的论文。2009年和2013年,在武汉和广州又分别举办了两届建筑学和现象学相互对话的研讨会,但重点均在于相关理论的普及,会后并无研究成果问世。在高等教育领域,北京服装学院于2019年成立了"建筑现象学研究中心",由季铁男担任主理人,探索以建筑现象学为理论基础的专业教学体系,并在2020年邀请国内外相关人士举办了建筑现象学的线上研讨会。

在《建筑现象学》和《现象学与建筑的对话》两本书的积极影响下,国内建筑理论界出现了一大批涉及建筑现象学的论文,除了探讨霍尔、卒姆托等建筑师的思想和作品外,还有大量运用建筑现象学的理论来探讨建筑设计方法的文章,如通过现象学来分析中国传统园林特点,用现象学观念来指导公共类建筑设计、城市空间规划或环境设计等。但是我们应该看到,上述研究基本上都是以建筑为出发点的,而以现象学哲学为出发点、对建筑界的研究作反馈的声音却少之又少,导致这一领域里出现了"建筑"和"现象学"两极不平衡的状态。这一缺陷不仅在国内,在国际上也同样存在,也正是这一缺陷直接促成了本书研究课题的诞生。

二、回到胡塞尔

虽然建筑现象学这门学科发展至今只有半个世纪左右的历史,但在国内外都取得了长足的进展,同时也还存在着一些缺陷,主要在于:迄今为止,对建筑现象学的研究基本上都来自建筑领域,而缺乏现象学方向的视角，因此导致了研究重点的偏差。建筑学者刘先觉认为，建筑现象学的研究对象是人与环境的关系，目前国际上这方面研究的一大特点在于内容的广泛性：从单体建筑、单个环境元素，到建筑群体、城市环境，都在建筑现象学的研究范畴之内。① 但是，这个"广泛性"只表现在建筑与环境这一边，并未表现在"人"这一边。毕竟，现象学是一门从个体意识出发的学说，从这个意义来说，"建筑现象学"的首要研究对象应当是人对建筑和环境所产生的意识，或者说建筑和环境在人的意识中的显现——只有在此基础上，才能展开更多涉及人的生活、人的生存与环境关系的研究。但事实却是：目前国内外学者借用现象学探讨人与环境的关系，基本上都是在生存层面，而不是意识层面展开的。这样的结果，就使建筑现象学的研究重点最终都落在了建筑或环境本身，而与人的意识无关。

沈克宁指出，对建筑的经验可以通过人的全部知觉综合为一个完整的独特体验，并保存在记忆中成为永恒的沉淀，而建筑现象学所重视的就是人在日常生活中对场所、空间和环境的认知与体验。② 但目前建筑现象学界通行的两条研究路径都只重视公众对特定场所或建筑的共同感知和集体记忆，在对建筑的个体意识和体验方面却关注得不够。当然，并不是说建筑界完全不关心这些内容，比如拉斯姆森就描绘过人在飞机上对城市的特殊观察视角：从高空俯视地面时，巨型摩天楼大小宛如公墓里的一块块墓碑，而当飞机降落时，刹那间建筑物就全变成了人的尺度，建筑物的外形就从地平线上升起，使我们无须再俯视它们，房屋也进入了一个新的存在阶段。③ 这样的论述固然是从个体经验出发，但作为城市和建筑理论家，他的关注点终究落在了城市和建筑本身的性格与形象上，所以体验的内容与

---

① 刘先觉. 现代建筑理论：建筑结合人文科学自然科学与技术科学的新成就[M]. 北京：建筑工业出版社，2008：109.
② 沈克宁. 建筑现象学[M]. 北京：建筑工业出版社，2007：168-169.
③ 拉斯姆森. 建筑体验[M]. 刘亚芬，译. 北京：知识产权出版社，2003：3.

结果也必然是共性的,而不会是关于特定场所与建筑的独特经验或记忆。

具体审视国际上研究建筑现象学的两个主要方向,可以发现它们都存在这一缺陷。先看以海德格尔的存在论为理论基础,重点考察场所对人的生存所产生的意义的这条路径:它的出发点是建筑与场所在人意识中的呈现,但要寻找的答案是场所本身所表达的意向,所以这种意向在人们的意识里必然是类似的,由此得出的场所精神也必然来自公众的集体记忆。倘若场所在不同人的意识中呈现出来的意象各不相同,那么它的特性或"精神"也就无从谈起了。故而由这条路径出发的研究成果,通常都是对象化的城市视觉形态、空间图像等。当然,我们可以运用胡塞尔的"主体间性"理论,来阐释城市和建筑何以在人们心中呈现出公共形象或者说留下集体记忆,至于在"主体间性"起效之前,每个经验主体的个体经验是如何发生的,似乎并不在建筑现象学研究者们的考虑范围内。

第二条路径的情况相对复杂一些。梅洛-庞蒂以身体主体取代了胡塞尔的纯粹意识主体,把身体作为体验和感知世界的中心,以他的理论为出发点的话,考察的将会是运动的身体和空间与环境的关系。看起来,这是把人对环境的知觉从视觉层面延伸到身体层面,但问题是身体再怎么运动,能够涉及的空间范围也比不上双眼,视觉能够观察大范围的场所,而触觉只能感知小尺度的建筑材质,过多强调身体的作用反而局限了对建筑空间的认识。试图完全超越视觉而单凭身体的各种感官与环境互动来考察建筑,终究是困难的。虽然在梅洛-庞蒂这里,人的视觉能力被降低到从属于运动的身体的一部分,但他也不得不承认,视觉在所有感官中具有至上的地位,构成场所氛围的重要元素如光影对比和光线明暗,都需要靠视觉来获悉,甚至材料的质感和肌理也可以通过视觉加以判断,而不必仰仗"肌肤之目"的触摸。帕拉斯马等人所反对的"视觉霸权",是二维的建筑图像对立体的、全方位的建筑感知的僭越,从根本上讲,视觉和其他感官对建筑的感知并不存在矛盾。

　　沈克宁认为,建筑的任何感觉和知觉,都可以触发重新体验的机制和开启记忆的阀门。① 显然在他看来,知觉的出发点需要与建筑相关,但事实上,任何知觉都能够让人重温过去的某次体验,这种体验又往往会指向当时所处的环境。也就是说,无论起点是否和建筑相关,知觉的终点都会和建筑、空间相关联,只不过这种联系通常是间接性的,因为并不是所有知觉都能获得空间感,或者与场所的自身属性相关。拉斯姆森在《建筑体验》一书中讨论了建筑材料的不同质感,包括柔性、塑性、软硬、轻重等,这些都只能构成人对建筑细节的体验,无法形成空间意识。同时他又指出人可以"聆听建筑",因为声音在空间中的反射和吸收会直接影响人对给定空间的体积反应,让人感知并理解空间②——除了视觉外,确实也只有听觉可以形成空间意识,通过回音推测它是空旷还是局促,而其他感官如味觉、嗅觉、触觉都难以构成对空间的直接感知。

　　与此同时,无论何种知觉都会在特定场合带来间接性的空间感,因为尽管空间意识必须以外感知或事物感知为前提,但它却不拘泥于事物感知,而可以超越出被感知的事物,让人们在意识中通过回忆、想象来显现空间和空间事物。③ 正因为这些外感知所造成的空间意识是靠回忆和想象实现的,所以它们并不总是针对当下空间的意识,而往往会指向另一个时间和地点,造成感官体验的因素也并非总是场所本身的属性,和场所之间只有偶合的、外在的关系。比如意识流文学大师普鲁斯特在《追忆似水年华》里的描写,主人公凭借一块"小玛德莱娜"点心的味道唤起了对故乡的回忆,而点心的味道和故乡的景观并没有必然的关联。所以说,即便是由身体各个感官带

---

① 沈克宁.建筑现象学[M].北京:建筑工业出版社,2007:157.
② 拉斯姆森.建筑体验[M].刘亚芬,译.北京:知识产权出版社,2003:14-20、199-210.
③ 倪梁康.关于空间意识现象学的思考[G]//中国现象学与哲学评论·第十一辑.上海:上海译文出版社,2010:17.

来的感知,最后的空间意识还是来自于意识层面的回忆——而这正是被梅洛-庞蒂在建筑界的追随者们所忽视的。借用梅洛-庞蒂本人的著作《眼与心》的用语来说,他们就算超越了"眼",也还是没能到达"心"。

沈克宁在介绍霍尔的设计理念时指出,对建筑空间和场所的体验可以是一种集体的、普遍的感受,而深刻的感受则是十分个人的体验。只有通过纯粹个人意识创作出来的建筑作品,才会让人获得亲切、温馨、纯正和真实的"情"。这种用身体所有感官来感知的整体内容,就是我们所熟悉的"气氛"。① 从表面上看,建筑师们将梅洛-庞蒂的哲学思想结合进建筑设计,力求创作出能营造场所整体氛围、带给人充分个人情感的作品。但事实上,这样的建筑理念强调的还是建筑本身的特征,针对的是感知的对象而非感知的主体,所以并不涉及任何对建筑或场所的个体经历,建筑给人造成的情感体验、气氛感受必然还是共性的。故而我们看见了这样的矛盾:建筑师要求作品能激发公众的个人情感,采取的设计手段却来自公众的集体感受;建筑师追求不同感官对建筑与场所的综合体验,具体分析时却不得不将各种感官知觉和相应的建筑元素分门别类。霍尔在详细论述建筑现象和感官的关系时,还是落在了色彩、光影、声音、比例和尺度这些出自共同经验,又各自独立存在的建筑"现象域"上。② 沈克宁在论述对知觉和体验的记忆前,也花了相当的篇幅描述各种建筑元素对视、听、触、嗅、味等感官的不同影响,③最终研究的对象既不是综合感官的体验过程,也不是个人意识中的独特氛围,而是影响各种感官的建筑细节。和承载集体记忆的场所相比,一个是充满了由大体量"图形建筑"所创造的"场所精神"的城市,另一个是靠小尺度细节和

---

① 沈克宁. 建筑现象学[M]. 北京:建筑工业出版社,2007:68.
② HOLL S. Phenomenal Zones[G]//HOLL S, PALLASMAA J, PEREZ-GOMEZ A. Questions of Perception — Phenomenology of Architecture. Tokyo:A+U Publishing, 2008:44-120.
③ 沈克宁. 建筑现象学[M]. 北京:建筑工业出版社,2007:105-166.

材质唤起"纠结的体验"、营造"气氛"的建筑,二者的区别仅在于体量上的大小,针对的都是具有普遍性的认知和感受对象,缺乏的都是建立在个体经验之上的、对建筑与场所的心理体验过程,对特定场所的独特记忆、期待与想象。名为"建筑现象学",关注的却只是在意识中显现的客体,忽略的是意识的主体。当研究对象越来越局限于建筑本身,缺少来自另一个方向的补充时,建筑现象学的研究就不可避免地进入了瓶颈。

归根结底,出现这一现象的根源在于建筑界和哲学界的着眼点不同。在建筑界,建筑师和规划师所关注的是对某个特定环境的集体记忆,或对某个建筑的集体知觉,将之归纳成所谓的"场所精神"或者"纠结的体验",以便在今后的设计中加以重现或强化。故而对建筑师来说,如果理论无法对建筑实践起到指导作用,就是缺乏足够价值的,个体意识和体验只能是出发点,而不是关注重点。诺伯-舒尔茨就不无遗憾地感叹现象学反对抽象化和心智的构造,但现象学学者却不太关注环境的现象学,虽然海德格尔等少数先驱者的作品中涉及了这些概念,却不能对建筑有直接影响。① 毕竟,激发建筑师的设计灵感并非哲学家的使命,建筑师们也没有必要去关心场所或建筑对个人意识的影响,更不需要关心这种影响发生时的具体意识过程。

如果要填补研究中的空白,则应当由海德格尔和梅洛-庞蒂溯源逐本,向更根源的现象学理论去索求答案。其实在建筑界,并非没有人关心个体对建筑或场所的体验,这些建筑师感兴趣的内容也完全有现成的哲学思想可以说明,但遗憾的是,它们或是没有得到哲学层面的支持,或是没有找到合适的哲学理论。例如,霍尔和卒姆托强调个人经验对建筑设计的作用,认为印象中的场所会不自觉地出现在脑海中成为创作灵感的来源,使设计出来的作品成为锚固在特定环

---

① 诺伯舒茨.场所精神:迈向建筑现象学[M].施植明,译.武汉:华中科技大学出版社,2010:7.

境中的场所组成部分——这些感悟是完全可以用胡塞尔,甚至比胡塞尔更早的威廉·詹姆斯和亨利·柏格森的一系列关于人的记忆与感知的理论来解读的。沈克宁倒是意识到了胡塞尔理论的价值,他借鉴了巴什拉空间诗学的描写,指出回忆中的时间缺乏延绵的性质,周遭和现实的场所与空间也失去了现实意义,此时意识中出现的空间和场所现象,以及与之相关的记忆和经验中的情绪就构成了胡塞尔所说的"纯粹意识现象"。他认为建筑师应当从概念的"景"中走出来,去面对真实的景,

> 对这种景的感知和体验需要一种纯粹的意识状态。这种意识状态需要将约定俗成的"成见"加以"悬置",需要去除"偏见"去体验"景"之纯粹"现象",在对建筑纯粹"现象"的体验中所获得的经验才是真情。①

似乎他只要再前进一步,引入胡塞尔的意向性、绝对意识、现象学还原这些概念,就可以实现建筑观察和现象学理论的完美对接,只可惜他还是太受制于霍尔对梅洛-庞蒂的推崇,以至于分析了各种感官知觉对建筑的体验,却未能在正确的理论指引下将它们在意识上加以统一,把视线由体验的客体转回到主体上来。正是在选用理论上出现了偏差,才导致建筑现象学界在论述个体场所体验时总是隔靴搔痒。

建筑界未能找到恰当的理论依据,被拉来与之"对话"的现象学界则不了解对方的需求。从 2008 年苏州"现象学与建筑研讨会"后出版的《现象学与建筑的对话》一书来看,建筑学界和现象学界的关注点并不一致。虽然名为"对话",双方却更像在自说自话:建筑界的视点集中于个体对场所的记忆和体验,现象学界的视点却局限于海

---

① 沈克宁. 建筑现象学[M]. 北京:建筑工业出版社,2007:68、146.

德格尔的《筑·居·思》。尤其令人遗憾的是,当时国内的建筑师们已经开始关注场所体验的问题,这原本是可以用胡塞尔的意识和感知理论来解释的,但与会的胡塞尔研究专家们,如张廷国谈论的是海德格尔的"让安居"问题,[①]倪梁康谈论的是胡塞尔的空间意识理论,[②]都没能和建筑界的诉求对应,以至于建筑学者郑时龄在阐述"体验"的本质时,甚至不得不借助于奥地利心理学家弗洛依德的心理分析学说。要弥补上述缺陷,我们必须首先回到胡塞尔。当然,并不是说胡塞尔的现象学理论就比海德格尔或梅洛-庞蒂的更高明,反而正因为他的意识现象学无法摆脱"唯我论"的困境,另两位才各自发展出了实存主义的存在论和知觉现象学,胡塞尔本人也在学术生涯晚期展开了对"主体间性"的探索。但毕竟,海德格尔和梅洛-庞蒂的理论是以胡塞尔的学说为起点,并对其作了批判与改造才得以建立的,故而"回到胡塞尔"并非是一种倒退,而是力图为建筑学和现象学的"联姻"打下一个更为扎实稳固的基础。

　　回到胡塞尔,不仅因为他几乎一生关心意识问题,还因为他严谨理性的学术姿态。历史上,无论在文学界还是哲学界,将建筑空间或场所与个体感受,尤其是个体记忆相联系的主题都不罕见:超现实主义者借助童年的幻想营造未来的景象,普鲁斯特在不由自主的回忆中置身于故乡,巴什拉用回忆与幻想撰写空间的诗学,海德格尔的返乡之路通往了诗与思的家园。按理说,把握对特定场所的个体性回忆和审美体验,并加以生动而具体的描述,这属于文学家的工作,而将这种回忆的根源、过程和对个体的影响逐一作理性分析,找到其中的共同特征,就是哲学任务了。然而,虽然身为哲学家的海德格尔、本雅明、巴什拉和德勒兹都写过关于建筑的文字,描写了对特定场所

---

① 张廷国.建筑就是"让安居"[C]//彭怒,支文军,戴春.现象学与建筑的对话.上海:同济大学出版社,2009:249-256.
② 倪梁康."建筑现象学"与"现象学的建筑术"[C]//彭怒,支文军,戴春.现象学与建筑的对话.上海:同济大学出版社,2009:40-46.

的个体记忆,但多是诗情画意式的漫谈,要说到理论性分析的话,他们做得并不比普鲁斯特更多。于是,我们看到了这样的局面:一边是集体记忆和个体记忆之间的裂痕,另一边是更触目的、文学性的描写和哲学理论之间的鸿沟——用来反思感性的,不可能是感性本身。难道就不能用客观性和共通性的理论话语,来解释主观性的个体体验,挖掘不同个体体验背后共同的意识根源?

这一缺陷恰为我们提供了展开的空间:把文学描写和哲学理论、集体记忆和个体记忆相互贯通,既可以为建筑审美现象找到哲学上的根基,又能用具体的审美实例诠释抽象的现象学理论。因而,就本书的研究来说,既具有个性,又具有共性的特征。就个性而言,它关注空间与场所在个体意识中的显现,以及由此产生的个体对现实场景的独特体验。就共性而言,它不关心某个个体对某个特定场所产生的具体感受,而关心每一个个体对场所产生独特体验的共同方式和共同意识过程。就如胡塞尔所说的那样,他对"具有经验的存在和生成"的具体体验一无所知,他所在意的是"各种构造因素的先天真理"。[①] 倪梁康也指出,胡塞尔认为现象学不应当研究感知、回忆、想象等具体意识,而应当考察被回忆、被想象之物如何在回忆、想象中构建自身。[②]

三、理解海德格尔

尽管胡塞尔本人很少涉足美学领域,他的现象学理论却经常被后来的美学家拿来解释美学现象,由此导致了现象学美学思潮的出现。建筑现象学所关注的对建筑和场所的心理体验,从本质上讲也是一种审美体验。和通常意义上的建筑美学不同,它并不在意建筑形体或色彩的构成,而是关注由建筑形体、色彩、材料等元素所营造

[①] 胡塞尔.内时间意识现象学[M].倪梁康,译.北京:商务印书馆,2009:40.
[②] 倪梁康.译者引言[M]//胡塞尔.现象学的观念.倪梁康,译.北京:人民出版社,2007:100.

的场所氛围,以及这种氛围带给人的回忆、期待与想象,并由此产生的审美愉悦。建筑现象学研究者借鉴海德格尔"存在"和"栖居"的观念,要求建筑和场所带给人归属感和认同感,本质上就是源自对场所的审美体验。在运用胡塞尔的现象学理论分析了这种体验的发生过程后,若要继续探讨它的价值和意义,就离不开海德格尔——于是,另一个摆在我们面前的问题就产生了:如何正确理解海德格尔?

建筑和人的日常生活息息相关,我们总是生活在一定的场所中,我们对建筑和场所的审美就是对生活环境的审美,也是对生活本身的审美。看起来,海德格尔泛化美学的著作会非常适合这种审美观,尤其是他的《筑·居·思》一文涉及大量建筑和筑造的话题,再加上他的实存主义哲学原本就脱胎自胡塞尔的现象学,他这篇学术生涯后期的作品就顺理成章地成了建筑现象学的主要研究文本。沈克宁就将该文视为研究"场所精神"的出发点,在"现象学与建筑研讨会"上,与会的哲学界人士也纷纷从不同角度解读了它。倪梁康甚至认为,正是由于海德格尔的《筑·居·思》等文章才导致了现象学和建筑方面的众多议题。[1] 那么,这篇文章在多大程度上涉及了建筑现象学的核心问题呢?

海德格尔在文章中提出了两个问题。第一,什么是栖居?针对这个问题,他指出栖居与筑造并不应当仅仅是简单的目的与手段的关系。即便居所布局良好、空气清新、阳光充足,就能保证栖居吗?筑造的本质就是栖居,其意义不仅在于建立,还在于保养。海德格尔抛出了他后期常用的"天地人神"四方共在的观念,认为人的栖居不应当是利用大地、征服大地,而应当拯救大地、保养大地。[2] 这个问题涉及了两个方面,一方面是海德格尔在另一篇文章《艺术作品的本

---

[1] 倪梁康.序二[C]//彭怒,支文军,戴春.现象学与建筑的对话.上海:同济大学出版社,2009:11.

[2] 海德格尔.演讲与论文集[M].孙周兴,译.北京:生活·读书·新知三联书店,2005:153-159.

源》里提出的,器具的"有用性"与"可靠性"的区别。器具因其有用性而存在,但唯有借助器具的可靠性,才能让使用者把握自己的世界,才能给这单朴的世界带来安全,保证大地无限延展的自由。[①] 问题的另一方面则涉及了现代技术发展导致的对自然的掠夺,海德格尔在《技术的追问》一文中指出,现代技术向自然提出蛮横的要求,在促逼意义上摆置着自然[②],而《筑·居·思》里被人类因为栖居利用和耗尽的"大地",指的就是自然。那么,这两方面是否和建筑现象学有关?

第一次世界大战结束后,现代主义运动在西方建筑界兴起,建筑师们面对战后百废待兴的局面,纷纷抛弃了传统建筑的复杂外观和琐碎的装饰,转而关注建筑工业化、低收入家庭住宅、生活区规划等问题,强调建筑的结构和功能。尤其在城市规划上,现代城市被要求满足居住、休憩、工作与交通四大功能需要,这也成了战后城市建设的基本方针。与之相得益彰的是由包豪斯开创,并结合了当时风行的现代派艺术的现代设计美学,追求简洁化、构成化、机械化的风格。勒·柯布西耶关于"房屋是居住的机器"的宣言以及对巴黎市中心"花园城市"的翻新计划,构成了那个激情年代宏大叙事的最佳写照。但是,正因为现代主义建筑着重于解决公众的生活问题,采用新技术,摈弃历史传统与地方特点,因而无论造在哪里都比较相似,造成了千篇一律的"方盒子"的乏味景观。完全按照功能设计出来的城市,也被指责为尺度过于宏大,空间过于空旷,让人感觉缺乏亲切感与人情味。借用海德格尔的话来说,如果把建筑和城市当作一种器具的话,现代主义建筑解决了它们的有用性,却忽略了它们的可靠性。虽然这些建筑造就了合理的使用功能和良好的通风采光,却忽略了人的情感因素和传统的作用,冷漠的外观造成了人心理上的空

---

① 海德格尔.林中路[M].孙周兴,译.上海:上海译文出版社,2013:19.
② 海德格尔.演讲与论文集[M].孙周兴,译.北京:生活·读书·新知三联书店,2005:12-13.

虚,反而让人怀念传统住宅区的小尺度带来的亲切感与亲密的邻里关系。第二次世界大战后国际建筑界的主流,就是对传统现代主义建筑的更新修正,让建筑除了满足基本功能外还能满足人的心理需求。建筑的有用性满足了人的居住需求,但只有其可靠性才能保证人的栖居。海德格尔"保证栖居"的理论所阐释的,无非是建筑界几十年来一直关心的常规性问题,似乎并不能和现象学沾上边。至于现代技术对自然的消耗和掠夺,也一直是从科技界到全社会所普遍关注的。海德格尔的论述,不过是给关注生态环境、可持续性发展这些大众性的话题披上了"保养的筑造"的美丽外衣而已。一定要把环境保护这种完全可以在技术层面解决的问题放到现象学的层面上来讨论,多少有点小题大做。①

海德格尔在文章里提出了第二个问题,即在何种意义上筑造归属于栖居?海德格尔以一座桥为例来说明筑造的本质。桥"轻松而有力"地飞架于河流之上,既使河流、河岸、陆地进入相互的近邻关系中,又把大地聚集为河流四周的风景,还把天、地、人、神聚集于自身。海德格尔将天地人神视为四重整体,栖居的本质便是对它们的"四重保护":拯救大地、接受天空、期待诸神、护送终有一死者。桥为人提供来往于两岸的道路,将人送往广场、村镇;桥承载了车辆,被编织入长途交通网中;桥占据了位置,提供了场所,设置了空间。② 看起来,这些诗化的语言表现了桥在使用功能和审美两方面的价值,而且审美方面只是一笔带过,更多地说的还是桥的使用功能。那么事实果真如此吗?在早期著作《存在与时间》里,海德格尔就曾花大篇幅来描述器具的基本属性,从操劳的角度把世界概念解释为因缘关系,用非客观化的立场对待生活世界中的物体。对此,德国当代哲学大师

---

① 比如张志扬在建筑现象学研讨会上提交的关于《筑·居·思》的论文,纯粹是环保主义者的老生常谈,与现象学并无关系。张志扬. 临危而居 以自然为本[C]//彭怒,支文军,戴春. 现象学与建筑的对话. 上海:同济大学出版社,2009:240-248.
② 海德格尔. 演讲与论文集[M]. 孙周兴,译. 北京:生活·读书·新知三联书店,2005:160-168.

哈贝马斯的评论是：海德格尔通过"操劳""照面""上手"这些概念对工具世界所做的分析"并没有偏离从皮尔斯到米德和杜威的实用主义路径"。仿佛在哈贝马斯眼里，海德格尔无非是用一堆漂亮的辞藻来说明一些未必那么深奥的道理：用世界概念来批判意识哲学，用因缘来替代传统上被理解为主客关系的个体和周围世界的关系，① 仅此而已。如果仅仅从字面上理解哈贝马斯的评论，那我们也可以套用这番话来评价海德格尔对桥的描述——至少在对桥的功能性阐述上，"天地人神"这些概念所起到的效果并不比一位工程师能做到的更全面。那么，海德格尔写下这些文字的意义又是什么，如此华丽的描写仅仅为了说明桥的使用功能，岂不过于做作？答案当然是否定的。只不过，如果我们要上升到审美层面来理解对桥的这番描写，就必须跳出《筑·居·思》一文，借助海德格尔在其他文章里所使用的世界、大地、真理等概念，来分析桥这一"被筑造之物"的出现对周边风景所构成的意义。

对海德格尔来说，筑造和栖居的意义并不仅仅是功能上的，"筑"和"居"的本质是用来"思"的，而思想本身和筑造一样，归属于栖居。他在《筑·居·思》一文的最后段落里指出，栖居的真正困境并非在于物质的匮乏，而在于人们还没有学会真正地栖居；现代人只有真正懂得如何栖居，才能摆脱精神上"无家可归"的状态。② 在学术生涯后期的其他文章里，海德格尔揭示了现代人在思想层面上的"无家可归"，认为这是现代人太注重知识，却忽视了语言和思想造成的③——在这里，他更多的是在审美化生存的层面来描述现代人的。可以说，《筑·居·思》一文直到结尾处，才算脱离了功能和物质生存的层面，谈到了建筑现象学所关涉的问题：通过"诗意地栖居"，寻找生

---

① 哈贝马斯. 现代性的哲学话语[M]. 曹卫东, 等, 译. 南京：译林出版社, 2004：172.
② 海德格尔. 演讲与论文集[M]. 孙周兴, 译. 北京：生活·读书·新知三联书店, 2005：170.
③ 海德格尔. 路标[M]. 孙周兴, 译. 北京：商务印书馆, 2011：398.

存环境的审美价值。即便对此有所涉及,海德格尔也只是蜻蜓点水,提出问题后便戛然而止,把答案留到了其他文章里。这里的"栖居"不仅仅指物质层面的居住,而是扩展到了在世的生存,尤其是精神层面的生存。很多人只是因为《筑·居·思》涉及了筑造和栖居,就把它拿来当作探讨场所精神和建筑现象学的理论依据,却又拘泥于对文本本身的解读,只关心建筑的功能和人物质层面的生存,而忽略了人精神层面的审美,只看到了"筑"和"居"而忽略了"思",也忽略了建筑现象学这一课题被提出的初衷是为了研究人对场所、环境的心理体验,结果非但没能使建筑现象学的研究升华,反而本末倒置。只能说,并非《筑·居·思》本身有局限性,而是国内学界对它的解读出现了偏差,还导致了过于重视海德格尔,反倒忽略了胡塞尔的局面。真要让现象学和建筑学在精神、审美层面上对话,还不如让杜夫海纳、茵加登这些更纯粹的现象学美学家的著述来当中介更为合适。即便一定要借助海德格尔的学说来赋予场所审美以更多升华的价值,单单一篇《筑·居·思》也远远不够,还需要加上《艺术作品的本源》和《人,诗意地栖居》。所以,除了用胡塞尔的现象学理论分析人对场所的意识和体验过程外,本书还将借助上述两篇作品来探讨场所体验对人类生存的超越意义,力图实现场所审美与海德格尔美学思想之间的互释。通过前一篇,我们会看到场所如何因为人的审美而成为一件作品;通过后一篇,我们会看到场所审美在人精神生活中的价值。

第二节 场所、空间与建筑

本书涉及的领域是"建筑现象学",而研究的对象是"场所审美",那就必须先明确场所和建筑这两个概念之间的关系,同时不能回避另一个相关的概念:空间。进入 20 世纪后半叶,越来越多人开始关注人类生活空间的问题,"空间"一词不仅被投入了前所未有的关注度,也被赋予了前所未有的广泛含义。美国文化批评家詹姆逊认为后现代就是空间化的文化,空间范畴和空间化逻辑主宰着后现代社会,就如同时间主导着现代主义世界一样,从时间体验向空间化的转变也成为了现代向后现代转化的标志。法国哲学家福柯则将当代世界描绘成一个点与点之间相互连接、团与团之间相互缠绕的网络,而不是一个传统意义上经由时间长期演化而成的物质存在。在这方面,著述最具深度的当属法国思想大师列斐伏尔,他认为物质空间正在消失,资本主义的发展产生了一个抽象空间,它涉及了商业、政治和社会生产的各个层面,并在时间面前显示出了强制与压迫的能力,把时间化约成为空间的限制,比如时程表、运载量等。① 显然,这个虚拟的空间概念与我们所研究的范畴无关,本书关注的不仅是现实的空间,还是由现实空间构成的具体场所。这样的场所不具有凌驾于时间之上的强制力,人们对它的认知和体验反而还必须借助于时间的维度才能展开。

我们所考察的空间是现实的,同时又是抽象的。近代以来的空间观源自牛顿开创的"绝对空间"概念,笛卡尔发展了几何化的空间概念,并用坐标系对之加以衡量。海德格尔区分了单数的"空间"和复数的"诸空间",前者就是具有延展性、广延性的几何空间,还能被抽象为解析—代数学的关系,但不包含诸空间和场地。诸空间是我们日常所穿越的空间,它既不是外在的对象,也不是内在的体验,和人的关系也不是外在的、对立的,而是为人提供经受、逗留和栖居的场所。② 海德格尔所说的"诸空间",更接近于具体的场所,或者说古希腊的空间概念。佩雷兹-戈麦兹认为建筑空间就是柏拉图所说的

---

① 列斐伏尔.空间:社会产物与使用价值[G].王志弘,译 // 包亚明.现代性与空间的生产.上海:上海教育出版社,2003:49.
② 海德格尔.演讲与论文集[M].孙周兴,译.北京:生活·读书·新知三联书店,2005,164 - 165.

"chora",它不同于近代意义上的绝对空间,而同时具有建筑作品和空间的本质,既指向"宇宙场所",也指向"抽象空间"。① 佩雷兹-戈麦兹所理解的"chora"和海德格尔所说的"诸空间"基本上是同一个意思,它和人的生存有紧密的联系,而提供这种联系的,就是建筑。海德格尔将建筑物定义为"作为位置而提供一个场所的那些物",空间是由位置决定的,其本质植根于建筑物之中。建筑为人提供诸空间,让人在其中获得"从根本上得到思考的栖居"。②

《道德经》有云:"凿户牖以为室,当其无,有室之用。"③建筑的本质在于营造空间,这是古人都懂的道理。但正所谓"有之以为利,无之以为用",营造空间依然属于建筑在功能层面上的属性,唯有当建筑和由它所营造的空间共同构成场所,形成了能让人产生情感的独特氛围,建筑才能体现其精神上的价值。空间是抽象的,场所则是具体的,空间性是场所的基本属性,场所是空间的一种具体存在方式,人们的日常生活空间是由场所决定的,空间只有通过场所才具有生活特征和存在立足点。正如胡塞尔所指出的,在场所变换中,空间个体是不变的同一之物。④ 诺伯格-舒尔茨继承了海德格尔的观念,认为场所是环境最具体的说法,它不只是抽象的区位,而是具有清晰特性的空间,是由具有本质、形态、质感、颜色等材性的具体事物所组成的整体。这些事物综合在一起决定了环境的特性,亦即场所的本质。场所具有特性或气氛,是复杂的自然中定性的整体现象,所以无法用科学概念加以分析描述,也无法简约其任何特性比如空间关系,却又保证它不丧失具体的本性。⑤ 至于建筑,它被视为赋予人以"存在的

---

① 佩雷兹-戈麦兹.建筑空间:作为呈现和再现的意义[J].丁力扬,译.城市·空间·设计,北京.2011(3):12.
② 海德格尔.演讲与论文集[M].孙周兴,译.北京:生活·读书·新知三联书店,2005:163-166.
③ 傅国华.诵悟道德经[M].济南:山东大学出版社,2022:31.
④ 胡塞尔.内时间意识现象学[M].倪梁康,译.北京:商务印书馆,2009:303.
⑤ 诺伯舒茨.场所精神:迈向建筑现象学[M].施植明,译.武汉:华中科技大学出版社,2010:7.

立足点"的方式,是人类用以表达生活情景的艺术作品。正因为有了建筑,空间不再仅仅是抽象的数学逻辑概念,而成了存在的向度,成为包含介于人和环境之间的基本关系的"存在空间",而建筑就是"存在空间的具现"。[1] 空间对于人和建筑的联系不仅是生存上的,也是心理上和情感上的。或者说,这种能让人产生情感的空间,就是场所。建筑意味着场所精神的形象化,对建筑的审美本质上就是对场所氛围的审美。美学家苏珊·朗格认为,气氛是由建筑承载的,"由建筑师所创造的那个环境,则是由可见的情感表现(有时称作'气氛')所产生的一种幻想。这个环境,如果房屋坍塌,它亦消失,如果建筑发生剧烈的变化,它也就根本地改变了"[2]。

除了建筑学界,还有一个领域也很关心人对场所的心理体验,那就是人文地理学界。如前文所述,这一领域对人的主观环境体验的研究工作开展甚至要早于建筑界,该领域的人物如段义孚、雷尔夫等人的著作也时常被建筑现象学界所引用。和建筑学相比,地理学科与场所的先天关联更为紧密,与人的在世生存也有更多的关联。法国地理学家埃里克·达代尔就指出:"地理学是充满意义的世界的最初奠基和即时经验,因此也是人类存在最恰当的基础。场所作为地理现象基础的本质而拥有内涵。"[3]在这一领域的文献里——无论是中文论文还是译著——常用的"地方"一词和我们所说的"场所"其实是同一个英文单词:place。但和"场所"相比,人文地理学界所说的"地方"覆盖的空间范围要更大,不仅指一个特定地点,还可以指更为广阔的地理区域。故而地方的概念也往往被引申化,不单纯是地理空间意义上的,还有文化和民族意义上的内涵,比如段义孚就认为人对地方的情感可以从对故乡的依恋一直扩展到爱国主义以及对民族

---

[1] 诺伯舒茨.场所精神:迈向建筑现象学[M].施植明,译.武汉:华中科技大学出版社,2010:1.
[2] 苏珊·朗格.情感与形式[M].刘大基,傅志强,译.北京:中国社会科学出版社,1986:117.
[3] RELPH E. Place and Placelessness[M]. London:Pion,1976:5.

文化的认同。① 相比之下,"场所"一词就只具备空间上的属性,不容易造成广义上的歧义,由此我们也看到了建筑现象学和人本主义地理学对"place"不同的观察侧重点。在很多时候,建筑被视为承载历史文化的符号和集体记忆的载体,就像"故宫""白宫"给人的第一印象早已不是一个地方,而是文化和权力的象征。但本书一开始就已开宗明义地指出,建筑的文化内涵在本书中是被"悬置"的,我们不关心建筑所承载的集体记忆,而只关心它在营造能产生个体记忆的场所氛围中起到的作用。所以本书原则上会使用"场所"一词,而不用会产生引申意义的"地方",除非在引用他人文字的时候不可避免地用到后者。

另外,虽然人文地理学关注人文,但毕竟属于地理学的范畴,其出发点是自然地理,研究对象是自然环境中的场所。而对大多数现代人来说,从生存到审美,场所体验几乎完全离不开人类的营造活动。海德格尔曾描绘过屹立于岩地上、面对波涛起伏的海潮的一座希腊神庙,通过这座神庙来阐述艺术作品的本源,大地和世界之间的关系。② 然而,让现代人以这样的方式来观察建筑是极其难得的,因为我们通常不是生活在建筑内,就是活动在建筑之间。现代人,尤其是现代城市人对生活的体验,无非是在建筑营造的场所里、建筑限定的空间里、建筑创建的环境里。我们难以对建筑采取远距离观察的视角,把它当作一件艺术品去审视,再考察真理如何置于其中,因为我们时时刻刻与建筑共生共在——即便远离城市,到自然环境寻求片刻的宁静,也摆脱不了和度假村、星级酒店的联系。对现代人来说,对建筑的审美就是对生活场所的审美,也是对生活本身的审美。

就传统哲学而言,更多关注的是人对抽象空间的知觉,比如伊曼努尔·康德通过对人的时间和空间意识的研究,得出了人的空间直

---

① TUAN Y F. Topophilia[M]. New Jersey:Prentice Hall,1974:100 - 102.
② 海德格尔. 林中路[M]. 孙周兴,译. 上海:上海译文出版社,2013:27 - 28.

观能力既是"综合的",又是"先天的"这一结论。① 梅洛-庞蒂的"知觉现象学"考察的重点也是对抽象空间的知觉,只不过知觉的主体不光是意识,还有运动的身体。② 上述研究都不是建筑现象学应当关注的,因为建筑现象学考察的并非抽象的、几何化的空间,而是具体的、有特定氛围的场所。胡塞尔相对复杂一些,因为他确实曾经考虑过"空间哲学""空间体验现象学"的问题,考察人的眼球和动感系统对三维物体的意识,以及人的意识对几何空间的构造。③ 尽管他的空间构造分析主要不是由几何学分析,而是由现象学分析所构成的,但这种分析本质上还是康德意义上的,以至于倪梁康指出空间、场所、建筑三者具有如是的奠基顺序,所以建筑学与胡塞尔的空间现象学之间只有间接联系,而与海德格尔、梅洛-庞蒂的场所现象学具有直接联系。④ 倪梁康的这个观点不免有些绝对,因为数学家出身的胡塞尔虽然关注意识的科学构成,他的学说却并非不能直接服务于建筑界操心的审美课题。胡塞尔将绝对意识视为人的意识基础,它包含了回忆、期待、想象等具备时间属性的心理体验成分,这些成分除了能够帮助实现对具有空间属性的场所的认知外,还可能导致对场所的审美体验——而这正是建筑现象学应当研究的。对场所的认知和审美在表现上虽有差异,在自身构造上却有着共同的基础,也正是这两方面构成了人同环境的最基本联系,只有在此基础上才能构筑更高层次的关于人与环境的互动。本书的前言部分已经阐述了场所审美的一种基本形态——场所迷失体验,具体地说,下列情形涉及的都是对场所的审美:

---

① 康德.纯粹理性批判[M].蓝公武,译.北京:商务印书馆,2012:51-53.
② 梅洛-庞蒂.知觉现象学[M].姜志辉,译.北京:商务印书馆,2001:135.
③ HUSSERL E. Ding und Raum[M]. Den Haag:Martinus Nijhoff,1973:255.
④ 倪梁康.关于空间意识现象学的思考[G]//中国现象学与哲学评论·第十一辑.上海:上海译文出版社,2010:4.

某个时候,当我在某个熟悉的场所里,周围都是平常的景观,但就在我出神的瞬间,内心深处的记忆突然涌上心头,让我对眼前的场景突然产生了一丝陌生感,发现了这熟悉的环境里此前从未注意过的另一面,一种被长期忽略的美感。

另一个时候,当我来到某个陌生的地方,周围环境是我不熟悉的,但这里却有某些似曾相识的景物触及了我记忆的深处,让我对此刻身处的场所产生了迷惑,陌生的场景竟突然变得熟悉起来,仿佛我又回到了已多年不曾涉足的地方。

其他时候,根本不需要任何具体的视觉形象,当一段曾经熟悉的音乐响起,我就马上被勾起对过去时光的美好回忆,好像置身于某个完美的氛围中。还有可能是味觉、嗅觉、触觉激发了我的回忆,令我瞬间产生回到往昔的幻觉。

上述现象可能每个人在生活中都经历过,在文学作品中也不乏类似的描述。这些与场所相关的体验既包括"因为身处某场所而产生的回忆、期待、想象等心理活动",也包括"因为某些感知而被唤起的对某场所的回忆、期待、想象等心理活动"——比如小玛德莱娜点心唤起的对故乡的回忆。这些迷失或幻想由潜在的记忆造成,当记忆里的氛围和现实的场所体验相融合,让人体会到视觉之外那种精神上的愉悦,并由此产生期待与幻想时,一种深层次的审美就此产生。就如同沈克宁的描述:通过梦想、回忆和联想,个人生活中的不同场所空间相互贯穿,同时还保持了它们过去的迷人特征,过去的感受得以重新出现而获得再体验,新旧体验交织在一起享受。①

在对熟悉或陌生的场所产生审美体验之前,人的意识对场所还

---

① 沈克宁.建筑现象学[M].北京:中国建筑工业出版社,2007:146.

有一个认知的过程，而这种认知有时候甚至是对熟悉的场所而言的。下面列举的现象就属于场所认知的范畴：

> 在我熟悉的生活环境里，街道的某处有一堵墙，或一栋楼，或者就是一个路口。我从不知道在那后面有什么，在心底一直憧憬着那边的景象。直到有一天我绕过那堵墙或那栋楼，穿过那个路口，终于看到了那后面的景象，和我想象中的或许差不多，又或许完全不同。从此之后，这些新鲜的场景就被纳入了我对生活环境的认识中，成为日常的一部分。
>
> 我平时总是去家北面的车站乘车，所以不是从南往北，就是从北往南地穿过车站和家之间的路口，对路口南北两侧的景象再熟悉不过。但有一天我去了一个不常去的地方，回家时从西往东走到这个路口，从一个相对陌生的位置和角度看到路口西侧的风景，竟对眼前的场景也感到一丝陌生。直到我在路口向南转，再从熟悉的角度观察，才能确定路过的地方就是我每天都会经过的地方。

上述两个实例，第一个显示了对陌生环境从想象到熟悉的过程，第二个显示了对熟悉场所的陌生化到再认知的过程——这些对现实场景的疏异感和想象，恰恰为审美提供了诱因。所以说，无论是对场所的认知还是对场所的审美，其背后有着共同的意识根源。要探讨场所审美背后的心理机制，就必须从人对场所的认知入手。

第二章
场所认知与场所审美

第一节 场所认知

一、视域和时间域

胡塞尔从康德的先验想象力观念出发,指出人的意识先天地具备对不在场对象的直观能力,他对人的感知分析包含了空间和时间两个维度,分别以"视域"和"时间域"为基本概念。根据他的观念,在每一个当下,人所意识到的内容要比感官知觉到的内容更多。

当我们观察事物时,观察到的不仅仅是事物本身,还包括它所处的环境和背景。当我看一张纸时,这张纸是我的直观对象,它的周围有书、铅笔、墨水瓶等,它们是这张纸的经验背景,在直观上作为"边缘域"被我感知。胡塞尔认为,每一个关于事物的感知都有背景直观的晕圈,那也是一种意识,一种存在于共同被看到的背景中的意识。① 真实的事物之所以能向我们显现,就是因为它周围有一圈"晕"(Hof),一种围绕着它并和它混杂在一起的视域(Horizon)。根据这一观念,我们对事物的感知可以分为两部分,其中一部分是当下直接显示给我的,另一部分则是作为可能性被我意识到的。比如当我看一个柜子的时候,当下看到的只是柜子的一个或几个面,总有几个面是我看不到的,但在我的意识中呈现的不只是柜子的几个面,而是作为整体的柜子,就因为被我观察的事物始终是处于我的"视域"中的,所以我能够通过对无法直接显现部分的预期来整体把握这个事物。②

除了空间中的事物外,在时间中呈现的事物同样适用于"晕圈"的观念。比如当我听一段音乐时,每一个当下听到的只是一个音符或一个和声,但在我脑海中出现的却是一段完整的旋律,而不是一个个音符的依次排列。这是因为时间不是跳跃性的,而是连绵不断的,我们的意识也不是呈点状分布的,而是一条连绵的"意识流"。在每一个瞬间,我的意识中除了有当下听到的这个音符外,还有刚刚流逝过去的上一个音符的痕迹,以及对即将到来的下一个音符的前瞻性期待,这些音符在时间流中连续呈现,就让我听到了完整的旋律。③ 在音乐中我们听到一个音符,随着时间的流逝,这个音符不断向遥远的过去后退,但在后退的过程中它却作为曾经存在的声音,还在一段时间内滞留在我的意识中。类似地,在人的意识中,刚刚消逝的时间段还具有一定的延续性,这个连续的时段就被意识为"刚才"。除了过去时间段的"滞留"外,在人每个当下的意识中还有和它方向相反的、指向未来的持续意向,胡塞尔称之为"前摄"。如果我们把"现在"当作显现点,将过去和未来作为边缘域同现在紧密联系,一起构成了时间的连续流;滞留和前摄共同参与,将现在构筑成时间的晕圈——

---

① 胡塞尔.纯粹现象学通论[M].李幼蒸,译.北京:中国商务印书馆,1997:103-104.
② 胡塞尔.生活世界现象学[M].倪梁康,张廷国,译.上海:上海译文出版社,2005:46-49.
③ 胡塞尔.内时间意识现象学[M].倪梁康,译.北京:商务印书馆,2009:4-55.

时间域。不同的是,滞留作为对已经发生过的事物的感知,必然是已经被肯定的,而前摄则是开放的,它空乏地构造和接受来者,从而使空乏的意识得到充实,每个原初构造的过程都是通过前摄而被激活的。还是以音乐为例,只要声音在延续,前摄就在充实自身,在感知当下的同时意指下一个瞬间,并且在被新的声音取代时扬弃自身。①

在意识中,我们对客体的每一个印象都是"原印象",和它相衔接的滞留被胡塞尔称为"第一性回忆"或"新鲜回忆"。如果说"原印象"是彗核,滞留的新鲜回忆就是拖在彗核后面的彗尾,一起参与构成时间域的"晕圈",即原本性回忆的连续性变异。在每一个当下,我们的意识所感知到的不仅仅是原印象,还有各种滞留所构成的彗尾,所以当一段旋律结束时,我们的脑海中不会是一片宁静,而会残留着刚才那段旋律的余音。随着时间的推移,先是原印象不断蜕变为新鲜回忆,继而新鲜回忆在意识中不断弱化,直至最终消失。看起来在每一个瞬间,只有一个点状的时段是作为当下的感知直接呈现在人的意识中的,但在胡塞尔看来,只要一个时间客体还在持续的原印象中生产着自身,它就是被原初地感知的。也就是说,即便是已经过去的感知,只要还滞留在我的意识中,就和当下感知是同样性质的,用胡塞尔的话来说,是"自身被给予"的。不然的话,我们在每一个瞬间听到一个音符的同时,还必须借助回顾或想象刚才听到的音符,才能意识到一段流畅的旋律。

胡塞尔将新鲜回忆称为"第一性回忆",与之相对的则是"再回忆",或"第二性回忆",前者属于"感知",是"原初的构造客体",后者则是"将客体当下化"。虽然第一性的回忆并没有构造一个现在,但同样在构建直观的感知,我们可以直观地看到新鲜回忆中的内容。相比之下,再回忆是在意识中滞留的新鲜回忆完全消失以后,对曾经发生的过往感知的"当下化",它和想象一样,呈现给意识的是"被再

---

① 胡塞尔.内时间意识现象学[M].倪梁康,译.北京:商务印书馆,2009:86、350.

造"的现在,我脑海中的画面并不是现在呈现在眼前的,脑海中的旋律也并非此刻在耳畔响起的。在《内时间意识现象学》之后的著作里,胡塞尔索性用"滞留"一词彻底替代了"新鲜回忆"这个概念,因为他终于意识到,滞留作为意识的延续或者说后体现的意识,根本就不能算作回忆,它是"第二性当下",而不是"第一性回忆",与作为"当下化"的再回忆——也就是真正意义上的回忆——有着本质上的区别。[1]

视域和时间域的概念充分地说明,人对于空间和时间的意识不是零散的、割裂的,而是连续的、相互渗透的。在瞬间的时段里,我们所意识到的空间景象要比看到的更多。事实上,我们认识任何事物的时候,都不是孤立地认识单个事物,而是把它当作整体的一部分加以认识。最简单的例子就是一些较冷僻的汉字,单拿出来我们可能会认不出,但如果是和别的字构成词组出现,就能轻易认出,比如"深圳"的"圳","奢侈"的"侈","媒妁之言"的"妁"等。我们对任何场所的认知也不是孤立的,而总是把它当作更大范围的场所的一部分,和周边的环境有所关联,这关联既通过空间性的视域,又通过时间性的滞留得到实现。在每一个当下,我所看到的场所中既有清晰的部分,也有环绕在周边、模糊的边缘域部分,通过移动目光或注意力,模糊的东西会变得清晰明确,并通过意识中的滞留和刚才看到的清晰的内容连接在一起。就这样,被确定的内容的范围越来越广,构成了对周围大环境的整体知觉。[2] 虽然视觉形象无法像流逝的音乐那样余音绕梁,但当我在场所中移动目光或变换位置时,刚才看到的景象还是会在意识中留下印象。[3] 当我从一个地方来到另一个地方,在每

---

[1] 肖德生.胡塞尔在贝尔瑙手稿中对两种滞留结构的描述分析[G]//倪梁康.胡塞尔与意识现象学.上海:上海译文出版社,2009:183.
[2] 胡塞尔.纯粹现象学通论[M].李幼蒸,译.北京:商务印书馆,1997:90.
[3] 胡塞尔曾试图用"图像意识"与"滞留"作类比,认为滞留中的视觉形象如同想象中的画面,在图像中将客体置于眼前。结果这样一来,他就陷入了到底应该把滞留归入"感知"还是"当下化"的两难境地。肖德生.胡塞尔在贝尔瑙手稿中对两种滞留结构的描述分析[G]//倪梁康.胡塞尔与意识现象学.上海:上海译文出版社,2009:189-195.

一个瞬间,意识中都有场所的直观部分和非直观的视域部分,而到了下一个瞬间,当我看到了不同的场景,刚才的视域部分就变成了直观的部分,而刚才的直观部分就成为了滞留,以此类推。只不过虽然我是通过视觉看到场所的景象的,但滞留在意识里的场所印象却往往并不是直观的视觉图像,而是非直观的场所氛围。

在现实生活经验中,我们可以找到很多例子来证明视域和时间域的作用,比如:即便是某个我非常熟悉的场所,如果换了一条与平时不同的路径抵达的话,在短时间内会对该场所产生不同于平常的感受。例如,我平时习惯通过某条路径上下班,倘若某一天走了条新的路线,到达办公室或住所后会对眼前的景象产生一些不同以往的新鲜感。因为我对个别场所的心理感受不是孤立的,必然还残留着对先前场所的感受和先前场所的氛围产生的影响,所以我对目的地的感受是由对该场所的当下直观和意识中的滞留共同构成的。一旦路线发生了变化,滞留就会更改,对原本熟悉的目的地就会产生新鲜感和陌生感。随着时间的流逝,滞留中被更换的体验在意识里不断减弱,这份新鲜感也会逐渐减弱,熟悉的场所最终在意识里又恢复到平时的常态。相似的,当我坐车去某个熟悉的地方时,即便行驶路径和窗外风景是我所熟悉的,如果我在车上低头看手机,当我猛然抬头看向车窗外时,也很可能会不清楚车开到了哪里。因为之前我并未关注车外的风景,也就丧失了通过滞留中连续的路径来辨识方位的可能,同时车窗对视野的限制又令周边环境无法以视域的方式向我呈现。如果这个孤立出现的场景本身缺乏足够鲜明的特征,就会让我一时很难辨识。

城市规划理论家林奇认为,一个场景所包含的内容比人们可闻可见的更多,任何事物都不能被孤立地体验,研究它们通常需要联系周围的环境、导向它的一系列有先后次序的经历以及先前的经验。所以,位于农庄田野里的华盛顿大街布景虽然看起来像波士顿市中心,但它们截然不同。① 不过,也有相反的例子:汉高祖刘邦为了满足父亲的思乡之情,命人依照老家丰县的原貌在陕西临潼筑新丰宫,建成后又将数千乡亲迁往那里。结果因为造得太像丰县,左右邻舍自认家门,带去的鸡鸭鹅犬自动归户——当然,这是非常极端的例子,必须依靠极大规模的景观重现才能够做到。

二、统觉和共现

从表面上看,空间性是场所的基本属性,而时间和空间又是两个完全独立的概念,对其中任何一项的意识都是先天性的,不需要另一方面来做奠基,但事实上,人对于具体场所的认知,并不完全来自于空间意识,在很大程度上是以时间意识为前提的。当我们看一个事物时,不可能静止地从某个特定角度看它固定的某个面,而总是以"动感"的方式不断地变化着视角,才能完整地看到该物和它所处的环境。即便我从某个角度只能看到一张桌子的三条腿,但因为我总是处于不断地移动中,可以看到它不同的面和不同的腿,所以意识到的是一张有着四条腿的完整桌子。在胡塞尔看来,动感对任何外部事物的立义都起着本质性的作用,没有动感,就没有物体,也没有事物。② 可以说,胡塞尔通过"动感"概念建立起了他的空间构造理论,而"动感"概念已经预设了时间意识的存在。③ 正是动感的作用,才为我们在观察事物时构筑了超越直观范围的视域。

对于视域,胡塞尔又做了"内视域"和"外视域"的区分:那些虽然没有在第一时间被观察到,但不断出现的是内视域;而在直观上还不具有任何范围的东西则是外视域。比如一个柜子,虽然我一时只能看到它的几面,但我知道,只要通过头与眼睛的移动就能看到它的

---

① 林奇. 城市意象[M]. 方益萍,何晓军,译. 北京:华夏出版社,2001:1.
② HUSSERL E. Ding und Raum[M]. Den Haag:Martinus Nijhoff,1973:160.
③ 倪梁康. 关于空间意识现象学的思考[G]//中国现象学与哲学评论・第十一辑. 上海:上海译文出版社,2010:13.

全部，只要走近它就可以看清它细部的色泽和木材的纹路。这些虽然属于对象本身，但尚未在经验中完全展现的部分就叫内视域。相比之下，如果想知道一座大厦的背后，或是一条通向远处道路的尽端，又或者是远方群山背后的景观，光靠头和眼的移动就比较困难了，必须借助身体的大范围移动才能实现。但是，我还是可以根据眼前场景所显现的特征，再结合个人以往的生活经验，对这些看不见的地方做一番推测和想象——用胡塞尔的话来说，就是"从直接的经验之物（被感知之物和被回忆之物）中推演出未被经验之物"①。当我看一个事物正面的时候，同时也在以期待或想象的方式看他的其他面或内部，这些期待和想象是以过往的经验和记忆为基础的，同时也有超出经验的东西。面对一座大厦的正面，我会根据这一面的式样去推测它的其他立面，甚至室内的样子。这样的认知判断源自过往的经验，并且结合了想象，同样体现了场所意识里的时间性。这些虽然不属于对象本身，却让人通过某些暗示了解的东西就是外视域。内、外视域都是一种"先示"，相对于内视域范围的充填而言，外视域中的被先示之物与以后的充填之间的差异要更大些。②

　　胡塞尔认为，我们对事物的认知并不局限于我们所看到的那些方面，还包括那些尽管在空间上无法被直接感知，却能在当下的感知中被给予的东西。③ 我站在一座房子的面前，我能看到的正面和我看不到的背面对我来说都是共同当下，共同被意识到的，被直接感知和非直接感知的部分混合成了外感知的原本意识。在人的意识里，虽然有的内容并不是直接显现的，但它和直接显现的内容的"共现"也是一种直观，使得事物以整体的方式被我们所认识。意识中的超越指向指示我们仅仅把事物直接显现的内容看作它的一部分，某种

---

① 胡塞尔. 现象学的观念[M]. 倪梁康，译. 北京：人民出版社，2007：17.
② 胡塞尔. 生活世界现象学[M]. 倪梁康，张廷国，译. 上海：上海译文出版社，2005：50-51.
③ 胡塞尔. 内时间意识现象学[M]. 倪梁康，译. 北京：商务印书馆，2009：222.

超越这一部分的东西才是被感知的事物。① 胡塞尔将这样的感知行为视为对感知材料的统摄和立义。"立义"（Auffassen）作为赋予意义的活动，意味着意识将某些东西理解为某物的能力。通过立义，一堆死的材料被激活，成为面对意识而立的一个对象，一个客体。② 在胡塞尔看来，一切知觉都涉及本真被给予者之外的"超越意义"，一切知觉都是"统觉"。③ "对我们来说，统觉就是在体验本身之中，在它的描述内容之中相对于感觉的粗糙此在而多出的部分"，正是这样的行为"赋予感觉以灵魂"，使我们可以感知到对象之物。④ 在空间里，我们知觉中的任何事物都暗含了该事物没有被直接感知到的部分，也就是构成了视域的那一部分，而这部分又是和被直接感知到的部分共同呈现在意识里，通过"统觉"被意识到的。

当我关注场所中的某个事物时，它总是处于一个背景或晕圈中；而当我观察某个场所时，它又是处于一个更大的、或许根本就看不全的大环境中。比如我在上海外滩眺望对岸的东方明珠时，它正处于陆家嘴金融区林立的高楼背景中；而当我观察陆家嘴金融区的钢筋森林时，这些楼宇又处于一个更大的背景环境中——我穷尽目力也无法尽揽眼底的摩登都市。我在观察东方明珠时，看到的不是一座孤立的塔，而是处于一群高楼背景之下的东方明珠塔；同样，当我看陆家嘴高楼群时，我的意识对它们的立义也不仅仅是一堆高楼大厦，而是和它们身后范围更广的摩登都市"共现"的都市一角。对于内视域，我们可以将它分为两个层次：第一个层次是虽然出现在我的视野中，却是作为背景呈现的事物"晕圈"；第二个层次是虽然没有出现在

---

① 胡塞尔. 生活世界现象学[M]. 倪梁康，张廷国，译. 上海：上海译文出版社，2005：47-48.
② 倪梁康. 现象学的意向分析与主体自识、互识和共识之可能[G]//中国现象学与哲学评论·第一辑. 上海：上海译文出版社，1995：47-48.
③ A.D.史密斯. 胡塞尔与《笛卡尔式的沉思》[M]. 赵玉兰，译. 桂林：广西师范大学出版社，2007：84.
④ 胡塞尔. 逻辑研究·第二卷第一部分[M]. 倪梁康，译. 上海：上海译文出版社，2006：451.

视野中,但通过位移就能很快看到的事物,如楼的背面,比如被桌面遮住的桌腿。比它们范围更大的,是我所观察的事物所处的大环境即外视域,这通常是我目力所不能及的。以此为标准,当我注视东方明珠塔的时候,它周围的其他楼宇就构成了内视域的第一个层次,离它不远、却尚在我视线之外的金茂大厦、环球金融中心和上海中心这"三件套"是内视域的第二个层次,外视域则是作为大环境的陆家嘴金融区、浦东新区或者上海市。当我的视线发生转移或者我本人处于行进中时,内视域的前两个层次就依次发生转变——当我的视线从东方明珠逐渐转向"三件套",东方明珠就先是从被观察的对象转变为晕圈,之后又转为内视域的第二层次;"三件套"则先是从内视域的第二层次转为晕圈,之后变成我观察的对象,再依次转变成为第一、第二层次的内视域,直至从我的意识中消失,视域和观察对象又接着被其他楼宇依次填补,以此类推。在这一过程中,始终不变的是作为大环境的外视域。

胡塞尔认为,每一个感知都隐含地伴随着一个完整的感知系统,每一个在感知中出现的现象都伴随着一个完整的现象系统,即伴随着意向的内、外视域。在每一个被给予的感知中都以一种奇特的方式混杂着已知性和未知性,这未知性指示着新的可能感知,并通过新的可能感知而成为已知性。[①] 如果用这套理论来考察场所认知,则每一个出现在我意识里的场所都不会是孤立的,而是作为更广阔的整体环境的一部分而出现。当我进入一个陌生场所的时候,我感知到的不仅仅是我们看到的场所,还包括更为广阔的内外视域,它们是由可见的场所特征所预示的。还是以陆家嘴金融区为例:如果一个外地人第一次来到外滩看到"三件套",或者某个完全不了解上海的人,只是通过照片看到这些不知道位于何处的楼宇群,他们同样能感受到更多的外视域部分。只不过对他们来说,这个外视域并不是意

---

① 胡塞尔. 生活世界现象学[M]. 倪梁康,张廷国,译. 上海:上海译文出版社,2005:55.

义明确的浦东新区或者上海市,而是一个范围更大的摩登都市,这个都市的形象是不可见的、不确定的,却是可以通过众多高楼大厦来预示的。根据胡塞尔的理论,外视域的概念就意味着每个场景必然会朝向另一个在原则上能够达到并得到考察的场景,即使它只是一块空无的荒地。① 每个知觉都是"被意谓的东西在每一瞬间都会(借助于一个更多被意谓到的东西)比在当时的瞬间中作为明确被意谓的而呈现出来的东西更多些"。对于现象学来说,要做的就是通过潜在感知的当下化,使不可见的东西变为可见的,澄清思维中那些非直观地共同被意谓的东西。②

为什么我们会根据可见的场所营造不可见的视域？如果我看到摩天楼,意识里被构筑的视域会是现代都市;如果看到的是小木屋的话,那么它周围的环境既有可能是森林,也有可能是小村庄,至少都会和木屋有所联系。按照胡塞尔的说法,如果某个事物出现在我们的视野里,而它被看到的那部分又和我们先前已知的某个事物相一致,则借助两个事物之间的"相似性联想",新事物就从以前的那个事物那里获得了整个知识的先示。③ 出于这种相似性的联想,不同表象之间形成了意向关系,使得一个意识唤醒了另一个意识,可见的场所和不可见的视域在意识里结对出现。所以,"三件套"必然是以"都市一角",小木屋必然是以"森林里的小木屋"或"小村庄一隅"的身份出现在我们的意识里,被意识所立义的。必须指出的是:这并非关于存在一个更广阔世界的纯粹"知识",而是一个知觉事实,被暗示、暗含于任何被指向世界的知觉中。④ 当我看到一面墙,虽然我对这面墙背后的场景一无所知,但由于我此前看到过类似外观的墙的背后

---

① A. D. 史密斯.胡塞尔与《笛卡尔式的沉思》[M].赵玉兰,译.桂林:广西师范大学出版社,2007:132.
② 胡塞尔.笛卡尔式的沉思[M].张廷国,译.北京:中国城市出版社,2002:63,65.
③ 胡塞尔.生活世界现象学[M].倪梁康,张廷国,译.上海:上海译文出版社,2005:54.
④ A. D. 史密斯.胡塞尔与《笛卡尔式的沉思》[M].赵玉兰,译.桂林:广西师范大学出版社,2007:89.

有一个花园,又或者墙上伸出的枝叶让我觉得它的背后应该是一个花园,于是我的意识便把这面墙立义为"一个花园前面的一面墙",墙和它背后的花园在我的意识里是共现的。如果我永远也不绕到墙的后面去看个究竟,那么这面墙就会永远作为"花园前面的一面墙"出现在我的意识里,无论它的背后是不是真有一个花园。对于感知来说,对象在现实中是否真的存在反倒是无关紧要的。①

三、作为绝对意识的体验

在阐述对场所体验的认识时,建筑学者郑时龄借鉴了弗洛依德的学说,指出体验既是对过去曾经实现的东西的追忆,也是对现在的感受,是早年储存下来的意向的现象;同时,又是对未来的期待,以回忆为原型瞻望未来,创造美景或幻想。因此,体验是一种将过去、现在和将来联系起来,并综合为建筑空间的再创造。② 在这里,郑时龄并没有直接引用弗洛依德的论述,而是借用了美学学者王一川的引文。在《意义的瞬间生成》一书中,王一川引用了弗洛依德在《论创造力与无意识》里的论述来充实自己对"体验"的定义:体验是瞬间的幻想,包容了对过去的回忆,对现在的感受,和对未来的期待。现在的感受触发早年存储下来的回忆,回忆是对过去曾经实现了的事情的回忆,幻想以这种回忆为原型去展望未来,从而根据过去创造出未来会复现的美景。在这里,对过去的回忆居于主导地位,人以童年的欢乐来代替现实无法满足的愿望。③ 事实上,王一川对弗洛依德的论述作了刻意的误读,因为弗洛依德所说的"体验"作为一种幻想的情节,根本就不是"瞬间生成"的。在《论创造力与无意识》中,弗洛依德的确指出了回忆、期待和想象之间相互交织、渗透的错综复杂的关

---

① 胡塞尔.逻辑研究·第二卷第一部分[M].倪梁康,译.上海:上海译文出版社,2006:449.
② 郑时龄.建筑空间的场所体验[G]//彭怒,支文军,戴春.现象学与建筑的对话.上海:同济大学出版社,2008:271.
③ 王一川.意义的瞬间生成[M].济南:山东文艺出版社,1988:247.

系,并明确指出了回忆对期待与幻想的奠基作用,认为幻想是一种虚假的实现,是人在潜意识里通过唤回过去的欢乐情景以掩盖对现实的焦虑。他还用一个第一天去上班的孤儿为例,描述了他边走边做白日梦,想象自己未来人生的经历。但这白日梦是孤儿在上班途中,一段较长时间里持续的期待和幻想,而非瞬间生成的内容,用弗洛依德的话来说就是"同一时段的幻想,徘徊于三段时间,即我们观念作用的三个阶段之间"①。而王一川所说的诸如回忆、期待和想象的体验,则都是来去匆匆,而且通常是在不经意间发生的:这是一瞬间的正在生成,这一瞬间一旦被打破、消解,体验也随之隐匿。即使马上回头反思,想用清晰的语言来表述,已难以言说。反思是多余的,不仅回过神来便消逝,而且手头的现成语言也无法说清。② 这种稍纵即逝的审美感受,和弗洛依德所说的通过"白日梦"来营造虚幻的生活情节或人生历程完全不是一回事。

和王一川所说的"体验"相类似的是沈克宁所分析的人对场所的瞬间心理感受:人对生活以及生活场所的体验就是由记忆和不断变化的瞬间体验所组成的,过往的经历构成意识深处潜在的记忆片段,和眼前变动不居的视觉现象相互交织,就构成了我们对于置身其中的场所的最基本的认知与感受。③ 在弗洛依德看来,艺术创作的根源来自于作为幻想体验的白日梦,艺术家通过创作艺术品来宣泄自己无法实现的梦想;而在王一川和沈克宁这里,那种瞬间产生的回忆、期待和想象相互交织的体验,本身就是一种审美体验。王一川和沈克宁对"体验"一词的描述,多少还带有文学化的、感性的成分,思维严谨的胡塞尔对此又是如何定义呢?倪梁康指出,"体验"(Erlebnis)在胡塞尔的现象学中是一个范围很广的概念,有很多种

---

① 弗洛依德.论创造力与无意识[M].孙恺祥,译.北京:中国展望出版社,1987:45-46.
② 王一川.意义的瞬间生成.[M].济南:山东文艺出版社,1988:205.
③ 沈克宁.建筑现象学[M].北京:建筑工业出版社,2007:169.

类,它们不能从外部去研究,只能从内部去探讨,意识就是由许许多多的体验所组成的。而体验的特征是带有意向性的,现实中不存在不带意向性的、纯粹的体验。① 胡塞尔继承了柏格森、威廉·詹姆斯对意识呈绵延、河流状态的见解,把人的心理意识活动描述为一条"体验流",就"最广意义上"的一般意识体验而言,指的就是这条体验流中发现的任何东西,并不需要对之作精确的界定。同时他又指出,即便是在具有意向性的体验中,一种意识的意向客体也不等同于被把握的客体。② 换句话说,即便我的某个意识行为——比如回忆、期待和想象——指向了某个对象,也不能说我已经把这个对象明确地当作客体给把握住了,这必须借助事后的反思才能够做到。

胡塞尔把人的意识分为了不同的层面,其中最基本的层面就是作为"绝对意识"的"体验"。它受知觉的影响,但不等同于感官知觉,而是一种意识活动。在不同著作中,胡塞尔对人意识的分层方法并不相同:在有的著作里,位于绝对意识之上的是"意向性意识"和"采取设定"的行为③;在其他著作里,则是前经验的"时间"和经验性的素材。④ 但无论采用何种分层法,处于意识最基本层面的必然是"绝对意识"之流,也就是胡塞尔所说的"内时间意识",这是一种前反思的自我知觉,也是我们一切意识的潜在根基。绝对意识作为一种单纯的心理活动,它的存在只有在事后通过反思目光的回转才能被意识到,因为只有通过对体验的反思,自我的意识才能离开体验之流,对之形成判断。同样,绝对意识中没有个体的客体被构成,素朴直观性的表象只是表象体验的组成部分,唯有通过反思才能构成表象的

---

① 倪梁康.编者引论[M]//胡塞尔.现象学的观念.倪梁康,译.北京:人民出版社,2007:4.
② 胡塞尔.纯粹现象学通论[M].李幼蒸 译.北京:商务印书馆,1997:102-106.
③ 罗松涛.面向时间本身:胡塞尔《内时间意识现象学》研究[M].北京:中国社会科学出版社,2008:161-162.
④ 胡塞尔.内时间意识现象学[M].倪梁康,译.北京:商务印书馆,2009:339.

客体和体验的对象。① 在通常情况下，我们的意识总是在前反思的绝对意识和"清醒"的反思状态之间来回切换，即便意识处于反思状态时，还有一个"内时间意识"在其底部不停流动。而当意识处于绝对之流的纯粹体验中时，我们虽然无法把握客体化的对象，这条体验流里却已经暗含了构成主题性、对象化反思的基础，这基础就是意识的意向性，它让一切感知都能够为感知对象立义，而不需要通过另一个类似反思的行为来为之立义。② 在反思前，人们不仅感知到意向对象，还会体验到某种意向行为，比如对某样事物的回忆、期待和想象，这种行为尽管不是无意识的，但我最多也只是体验到它，却不能清晰地意识到它，因为它是以某种暗含的和前反思的方式被寄予的。而到了事后的反思阶段，我不仅能清晰地把握刚才回忆、期待或想象的对象，也能将刚才的意向行为本身给主题化地把握，反思的本质就在于把握那些先于把握而被给予的东西。③ 胡塞尔认为，任何思维都可以成为反思的对象，而反思行为也可以在回忆、想象中进行，将在回忆和想象中被意识到的行为把握为客体。④

显而易见，王一川、沈克宁所说的那种"瞬间体验"就是绝对意识作为审美体验的表现，它含有回忆、期待、想象的成分，让人短暂地处于一种忘我的境界中，人在这一瞬间意识到了某种对象，却难以清晰地把握住它，而在这片刻的分神之后，当人回过神来的时候，就已经跳出这条绝对意识之流，而处于事后的反思阶段了。这时，我们才可以主动地、清晰地把握住刚才意识到的对象，并把握刚才的意向行为本身——通过回忆过程结束后的回忆，我能意识到自己刚才在回忆；

---

① 胡塞尔. 逻辑研究·第二卷第二部分[M]. 倪梁康，译. 上海：上海译文出版社，2006：85、444.
② 胡塞尔. 逻辑研究·第二卷第二部分[M]. 倪梁康，译. 上海：上海译文出版社，2006：416. 胡塞尔曾经试图将原初感知和立义分为两个不同的过程，但这样一来就会出现一个危险：一旦原初意识需要另一个进一步的意识才能获得被给予性，那将不得不导致无限后退的形式。
③ 扎哈维. 胡塞尔现象学[M]. 李忠伟，译. 上海：上海译文出版社，2007：92.
④ 胡塞尔. 纯粹现象学通论[M]. 李幼蒸，译. 北京：商务印书馆，1997：109.

通过音乐旋律结束后的回忆,我能意识到自己在旋律响起时意乱神迷的幻想,清楚地把握自己沉浸其中时的陶醉心情。前反思的纯粹体验之所以能被随后的反思主题化,就是因为意识中滞留的存在,使得体验本身并没有完全消失,而是被保留在滞留里,刚才的意识能够变为一个对象。故而只有一个时间性的视域即时间域被建立,反思才可能发生。①

作为绝对意识,体验一方面通过意向性的立义为意识奠定认知事物的基础,另一方面又能引发人的审美意识。在对场所的体验中,我们的意识也如王一川所说会产生"瞬间的幻想",它"包容了对过去的回忆,对现在的感受,和对未来的期待"。而在这些体验激发我们对场所的审美体验之前,首先引导了我们对陌生场所的认知。

四、对陌生场所的认知过程

胡塞尔把对一个对象的观察性知觉分为三个阶段,第一阶段是观察性的直观,一种低等级的朴素的观察。在第二阶段,知觉在观察的同时唤起了内视域,使得被观察的对象马上就带有了熟悉性的特征,并被唤起了对它尚未被看见的背面等前瞻的期望。那些前瞻的东西或是得到充实,对象表现为曾被预期的东西并使这个被预期的东西成为了原初被给予的东西,或是因为和现实的不符而导致了期望变为失望。到了第三阶段,则是外视域被引入当下场景,知觉会阐明被观察的对象和其他对象的关系。② 我们对陌生场所的观察和认知原则上也遵循上述的过程,而当场所范围比较大的时候,对它的认识就必须随着空间的转移而不断积累和深入。胡塞尔指出,在每一个感知阶段上的每一个事物现象中,都包含着一个新的空乏视域,都包含着一个可确定的不确定性的新系统,已经看到的东西对于不断

---

① 扎哈维.胡塞尔现象学[M].李忠伟,译.上海:上海译文出版社,2007:93.
② 胡塞尔.经验与判断[M].邓晓芒,张廷国,译.北京:生活・读书・新知三联书店,1999:125-127.

出现的新东西来说只是一个先示的范围。换言之,在感知的连续过程中,每当我们看到一个新鲜事物,都会对即将出现的下一个事物产生一个前摄的期待,一个空乏的视域,而随着新事物不断进入我们的视线,空乏的部分就被不断地充盈,同时被充盈的内容也被不断地清空。胡塞尔在滞留和回忆之间设立了严格的界线,前摄虽然同样不具有主题性和主动性的特征,他却没有把前摄和期待严格区分开。就在前摄被不断地充盈的过程中,某些指示线索连续地作为期望而得以现时化,这些期望在进一步规定着的角度中不断地充实自身。① 此外,胡塞尔也指出,意识只有在运动中才会进行真正的"期待",在静止状态下则只有"意向"。比如我看到一块被家具部分遮盖的地毯,依然可以感知地毯的图案和颜色在被遮盖部分的延伸,但这只是静态的意向,而非对未来的期待。②

当我们听音乐的时候,脑海中除了有正在响起的音符和刚流逝的旋律的余音外,还会有对即将出现的旋律的期待。那么,在场所认知的过程中呢? 当我在一个陌生的环境里不断行走时,眼前的场景也在不断地更迭,每一个当下我都会看到一个新鲜的场景,同时还会有一些由它引出的、超出我们当下直观的内容,与眼下的场景共现在我的意识里。其中,既有此刻超出我视野范围的、比我身处的场所范围更广的外部环境,也有期待中即将出现在我眼前的下一个场景。这就是被"先示"的视域,其中我视线焦点四周的背景,以及那些暂时被遮挡的、即将出现的场景可以被视为内视域,而我看不到的外部环境则是外视域。

---

① 胡塞尔.生活世界现象学[M].倪梁康,张廷国,译.上海:上海译文出版社,2005:51.在胡塞尔的概念里,既然滞留作为当下感知的变异,不能归入回忆的范畴,那么相应地,前摄也不应当被看作一种期待。不过,胡塞尔虽然把曾被称为"新鲜回忆"的滞留和"再回忆"完全对立起来,他在描述前摄的时候却依然用了"被动期待"一词。可见,虽然前摄和滞留一样都是意识无法主动控制的,都是"被动"的,但本应处于对称位置的这二者却并不对等:相比较滞留和回忆的泾渭分明,前摄和期待之间却是藕断丝连。

② 胡塞尔.逻辑研究·第二卷第二部分[M].倪梁康,译.上海:上海译文出版社,2006:45.

在每个当下的瞬间,我刚才怀有的期待被眼前出现的场景充实,同时亦被清空,随即转变为对下一个场景的期待,而刚才被充实的景象则成为了滞留。比如在一个行进中的瞬间,我的视野尽端是一面墙、一栋楼或一个路口,我不知道那后面的场景是什么,但会根据周边的场景并结合以往的经验作一番想象,这模糊而不确定的想象同时也是期待,它作为视域和那些阻挡我视线的事物以"共现"的方式同时被我的"统觉"所意识到。当我走到那面墙或那栋楼的背后,绕过那个路口,看到了先前被遮挡的景物,无论它是否如同我的预期,刚才的期待都会被即刻充实并同时被清空,随即开始憧憬即将出现的下一个景观。这种期待构成的意向在感知过程中被不断充实,并被不断清空,"感知本身的每一个瞬间都由一部分充实,一部分空乏的意向所构成"。被充实的意向只是一部分,因为还有未被充实的外视域部分,也就是外部环境。于是在感知过程中,"内外视域都在为下一个充实而努力",这是对即将到来的事物的预测,既空乏又具有意指倾向,它处于一定视觉域的限度中,具备一种"可确定的不确定性"的特征。[①] 属于每个感知的,始终都是一个作为能够唤起潜在性回忆的过去视域,这些回忆是一种连续的间接意向性,这些视域则是被预先规定了的潜在性。[②] 也就是说,对陌生场所的不断认知过程,就是一个不断让记忆中的景象浮现,使之成为当下场所的内外视域,并不断对之证实或纠正的过程。必须强调的是,统觉是先天的知觉能力,而非主动的心理活动,意识可以直接意向性地为感知对象立义,而不需要借助主动的回忆或事后的反思。当我面对陌生的场所时,我先天具备的统觉就已经运用潜伏在内心中的过往经验,为它营造了知觉域之外的视域,让它们和该场所一起以"共现"的方式为我所意识到。

---

① 胡塞尔.生活世界现象学[M].倪梁康,张廷国,译.上海:上海译文出版社,2005:51-52.
② 胡塞尔.笛卡尔式的沉思[M].张廷国,译.北京:中国城市出版社,2002:61.

胡塞尔的现象学理论经常被引用到文学艺术领域,成为现象学美学的理论基础。德国接受美学的代表人物、现象学文艺理论家沃尔夫冈·伊瑟尔就用现象学的方法考察了人阅读文学作品的过程,并将阅读活动视为人的审美反应。如果将伊瑟尔所分析的人的阅读过程和人对场所的认知过程作对比,可以发现二者有很多相似之处。伊瑟尔认为,文学作品的特殊性在于整个文本的各部分不可能在同一瞬间被同时感知,因此人们只能通过对不同段落的依次阅读来想象作为客体的文本,在阅读时竭力为自己建立对象。正因为审美对象在每一个瞬间呈现时的不完整性,使得文本在读者意识中不断转化。在这一过程中,有一个游移视点在其内部不断运动,对文本的综合过程也贯穿于游移视点运动的各个阶段。在对上一段的阅读中,我们总会产生对下一段的期待,而这种期待和现实之间往往会产生间距,同时又对接下来的段落产生新的期待。即便在同一段文字中,每一个句子的相关物都暗示了一个特别的视野,并在阅读过程中转化为下一个相关物的背景,在句子间的相互作用中得到修正。

就这样,期待在游移视点的基本结构中不断转换,整个阅读过程中一直贯穿着修正期待与转化记忆之间的相互作用,而每一个阅读瞬间都是延伸与记忆的辩证运动,并与过去正在不断消退的视野一起构成或唤起一个未来视野。阅读过程就如听音乐一样,充斥了滞留和前摄,最后读者将其在游移视点中切割的东西连接融合起来,构成了对文本的综合。在每一瞬间,视点聚集的部分构成了主题,而这一瞬间的主题在下一部分展开其现实性时,又变成了视野,就这样不停转换。当某一部分成为主题,前任主题也就失去了其主题地位,而转化为边缘性的空缺。新主题不断转变为旁落主题并隐入后继者的背景,同时和后继主题相互产生影响。①

我们可以看到,文本阅读和场所认知一样,都是在一段时间中进

---

① 伊瑟尔.阅读活动:审美反应理论[M].金元浦,周宁,译.北京:中国社会科学出版社,1991:129-134,239、243.

行的。阅读过程中主题和视野间的相互转换,和场所认知过程中直观内容和视域之间的转换非常相似。读者最终将被切割的段落联结成对文本的整体理解,而那些零散又前后相连的场所片段的印象综合起来,就形成了我们对陌生环境的整体印象。

在欣赏音乐的过程中,由于旋律本身的规律性,之前的旋律必然指引了此后的发展,所以期待中的旋律往往能得到实际上的充实,不然我们就会听到极不和谐的音调。而在读者阅读作品时,也会对情节的发展带有一些先入为主的成见,它们或是以其他作品为参照,或是以社会、历史以及文本产生的文化为参照,伊瑟尔称之为"保留剧目"。和音乐旋律的规律性相比,文学作品的内容时常和保留剧目有较大差异,读者阅读文本时可能体验到期待、惊奇、失望、受挫,那些由经验提供的参照框架不时地被文本所打破,同时激发读者去构建新的想象客体,不断地修正保留剧目。读者的思想随之经历了变化,将新的经验作用于原有的经验贮存,并且从此把这种新的尺度作为评价去观察其他事物。[①]

和文学作品相类似,场所中景观的布局也不像旋律那么有规律性,所以那些在视域中被先示的内容往往不会等同于最终被充实的内容。如果我预期一座房子的背后是另一座房子,结果看到的却是一片荒地,或者预期街道的转角处是一条巷子,结果却看到一片墙,那么我就会感到失望或者惊讶。之所以会这样,是因为我先有了某种前摄的预期,一个期待的视域。倘若没有期待,也就无所谓失望,无所谓惊讶了。[②] 被先示的视域是期待中的内容,它来自过往的经验和与之相关的想象,在每个当下,我通过视觉感知眼前的场所,同时它的形象激发了记忆和想象中的景象,形成对即将出现的场景的期待性前摄。这是感知的过程,同时又是意识意向性地为被感知对

---

① 伊瑟尔.阅读活动:审美反应理论[M].金元浦,周宁,译.北京:中国社会科学出版社,1991:84、155、187、256、277.
② 扎哈维.胡塞尔现象学[M].李忠伟,译.上海:上海译文出版社,2007:85.

象立义的过程,视域作为被立义对象的一部分属性,和感知对象共现在意识中。如果预期的场景被证实与现实相符合,那么这个立义就不仅是意向性的,它也是意识对客体的最终把握;如果期待与现实不符,那么意识中的立义就要发生变化。在每一个瞬间,被意识所立义的不仅有作为内视域的、即将出现的下一个场景,还有作为外视域的大环境,而由于范围的不同,外视域的差异会比内视域的更大。在空间转移的过程中,视觉焦点和不同层次的视域在不停转换,时间层面的滞留和前摄也在处于相互转换中。在期待被充实的瞬间,刚才的前摄就转变为当下的感知,刚才的感知同时转变为滞留,这一过程如此不断地持续着。就在滞留和前摄的依次更迭中,现实场景不断纠正被先示的片断,外视域也随着内视域的不断被充实而被不断地调整。当被纠正的片断被综合在一起,我们对场所各个片断的感知也连成了一串,完成了对场所认知的全过程。

如果我们从不同的角度看同一件物品,比如将一个盒子旋转或翻身,虽然每一次转动都会看到盒子的不同面貌,产生不同的意识内容,但被感知的对象始终是同一个,因为这些意识内容总是"在同一个意义上"被立义、被统摄。① 意识能够辨识观察对象的同一性,这是靠动感和图像的结合来实现的。胡塞尔认为,图像承载了统一意识,这个统一意识将同一的静止事物构造为通过图像表现出来的同一之物;通过立义连续性的统一,每一个当前流动着的图像和动感的双重杂多性被联合在一起,诸多时间点上的显现也被联合进一个时间上流动的显现整体中。② 这样,即便感知材料在时间的流动中呈现出多样性,我们依然可以确定感知对象的不变和同一。

但这样的情况仅限于在一定范围内对较小事物的认知,如果要确认一个场所的同一性,则要复杂得多。当面对一个环境复杂又缺

---

① 胡塞尔. 逻辑研究·第二卷第一部分[M]. 倪梁康,译. 上海:上海译文出版社,2006:449.
② HUSSERL E. Ding und Raum[M]. Den Haag:Martinus Nijhoff,1973:187.

乏明显标识的陌生场所，就很难保证我们从不同方向来到这里，或从不同距离、不同位置观察这里，还能准确判断其同一性。比如，当我在一座陌生城市里先是路过了某个街角，之后在城里游荡了一圈后再次来到这个街角时，未必能马上意识到自己刚才来过这里，哪怕我的意识在这一过程中始终是连贯的。对场所中建筑的辨识也是如此。我不间断地围绕一座房子行走，虽然我看到的是它不同的面，但能意识到这是同一座房子；可倘若观察的过程并非是连续的，那就另当别论了。如果我先站在地面近距离地观察一座平房，再到远处的高楼，向下俯视这座被周围建筑围绕的平房，因为距离和角度的关系，就很可能会意识不到两次看到的是同一座房子。

　　类似的例子还有很多，如购房者或许有过这样的经验：在高层公寓里参观某单元后，再到楼下仰望刚才去过的那套单元的窗户或阳台，会无法当即确定两次看到的是同一套单元。又比如我来到一条陌生的街道，先从街道的东端走到西端，间隔一段时间后再从西端返回东端，虽然两次都行走在同一条街道上，但在意识里呈现的或许就是两条完全不同的街道。再比如：当我新搬入某个街区的某栋楼，如果每天走不同的路回家，都会对这个地段产生全新的体验，仿佛每次都来到一个全新的地方，直到有一天我充分认识了这个地区，才能够确定在不同角度呈现出的不同面貌的这一场所的同一性。

　　与上述例子相类似的是著名的"鸭兔图"实验：同样的图，可能被同一个人一会儿辨认为鸭头，一会儿又辨认为兔头（见图1）——这说明，同样的感知材料，即便对同一个人来说，也可能这一次做这样的立义，另一次做不同的立义。换言之，在同一内容的基础上可以被不同的对象感知到。

　　之所以会出现上述情况，是由于"以往体验那里遗留下来的心境，在现实地为刺激所决定的东西上布满了那些通过对这种心境的

图 1 "鸭兔图"实验

现实化而产生的各个因素"。① 所谓"遗留的心境"指的就是意识中的滞留,我们对一个场所的意识总是和意识滞留中先前的场景相联系,构成一个整体,如果从不同路线到同一场所,不仅该场所在视觉中会呈现出观察角度上的差异,意识滞留中的场景也不相同,因此会导致对同一场所的不同立义。比如对于某个目的地 X,当我通过路径 a 到达该地,我的意识对它的立义就是"通过 a 到达的场所",而如果是通过路径 b 到达的话,对它的立义就变成了"通过 b 到达的场所",尽管二者就如同意识里的鸭头和兔头一样,针对的其实是同一个对象。除非我对包括 X、a、b 在内的该场所周边大环境已非常熟悉,能将其中各项元素完整地纳入意识里的空间坐标,这两个不同的立义才会在意识里表现为同一个主题:处于 a 和 b 交会点的场所 X。此外,无论我变换方向走在同一条街道上,还是通过不同路线来到同一场所,每次我所看到的不仅是同一场所呈现出的不同景象、不同氛围,我意识的"统觉"里根据这些景象"共现"出的大环境或者说外视域也是不一样的,这些都会导致该场所在我意识里的不同立义,故而难以判断其同一性。除非我对该场所已经非常熟悉,通过对不同角

---

① 胡塞尔. 逻辑研究·第二卷第一部分[M]. 倪梁康,译. 上海:上海译文出版社,2006:448.

度的观察进行综合,构成了对它的整体认知,我才能够无论从哪个角度看到该场所呈现的景象,统觉里共现出来的都是同样的整体环境。

第二节　场所审美

一、绝对意识之流中的被动回忆

胡塞尔是这样阐述感知和反思的区别:通过感知,人能够把握感知的对象,却无法把握感知活动本身;而在事后反思中,我们反思的不仅是感知的对象,还有感知行为本身。但是,当我们对过去的感知作反思的时候,却本质地改变了原先那种朴素的体验,失去了体验"直接"的本源样式,而只保留了对象的部分,并把那些"作为体验但却并非对象性的东西"也当成了对象。反思不是重复本源的体验,而是在考察它,阐明那些存在于本源体验中的东西。正是因为反思的存在,一种描述性的经验认识才成为了可能。[①] 既然如此,是不是还存在这样一种可能:当我们回忆时,不仅能够意识到当时所感知的对象,还能够重温当时的感知本身?胡塞尔认为,存在着一种对先前感知的回忆的可能,在意识中被回忆再造的不仅是曾经感知过的客体,还有当时的意识和当时的感知本身。比如说我曾看到过一个灯火通明的剧院,当我对此作回忆的时候,我可以仅仅回忆我见到过灯火通明的剧院这一曾发生过的事件,也有可能是在回忆眼前一片灯火通明的感知本身。如果是后者的话,我进行的就是对一个剧院感知的再造,"剧院就在表象中作为一个当下的剧院而浮现在我面前"。虽然这种"以前感知的当下化"对客体的呈现不同于对事物当下的直观,却以一种"仿佛现在"的方式将客体在意识中给予。[②] 如果以这

[①] 胡塞尔.笛卡尔式的沉思[M].张廷国,译.北京:中国城市出版社,2002:45-47.
[②] 胡塞尔.内时间意识现象学[M].倪梁康,译.北京:商务印书馆,2009:92-93.

样一种"回忆感知"的方式回忆某个场所,则回忆到的不仅是该场所的景象,还会给我们以身临其境、设身处地地体验。

在胡塞尔之前,已经有人对不同的回忆方式作了区分,即单纯的回忆和再现感知或体验的回忆。其中最著名的,当属普鲁斯特对"主动回忆"和"被动回忆"的区分:主动回忆是一种理性的回忆,被动回忆是被某些外部偶然因素偶然勾起的"不由自主地"回忆,一种感性的、能够唤起往日体验的回忆。普鲁斯特认为,时间把人与过去的事物隔远,事物的"现实部分"便因此与人脱离,只有"非现实的部分"存留心中。要让事物的现实部分重现,仅仅依靠主动的回忆是无法做到的,只有那些感动过我们的东西或者与其相似的事物再次出现在我们面前时,才能唤回我们旧日的感受。在某些特殊时刻,我们被某种偶然的契机所触动,不由自主地再次进入相似的情景,与旧时的事物相遇,过去的体验才完整重现。而在这一过程中,理性全无作用。[①] 对于这种"非主动回忆"的最完美诠释,无疑是意识流巨著《追忆似水年华》中的"小玛德莱娜点心"段落:主人公马塞尔(其实就是作者本人)因为品尝了一块名为玛德莱娜的小点心,瞬间就被味觉唤醒了记忆,仿佛置身于童年生活的氛围中。[②] 在这好似时光重现的一瞬中,主人公体验到了前所未有的欢乐,昔日之美整体复活,他找回了丢失已久的旧日时光。

丹麦现象学家丹·扎哈维曾抱怨胡塞尔过于强调回忆的主动性,而忽略了普鲁斯特所指出的那种不自觉产生的记忆。[③] 但至少,胡塞尔是认可非主动性回忆现象的,他认为我们有可能拥有一个重新回忆的场境,并且不是通过主动把握性的重新回忆,而是在纯粹的被动性中拥有它的。通过联想,可以使现场的东西与不在现场的东

---

① 钟丽茜. 诗性回忆与现代生存:普鲁斯特小说审美意义研究[M]. 北京:光明日报出版社,2010:40,69.
② 普鲁斯特. 追忆似水年华·第一卷[M]. 李恒基,徐继曾,译. 南京:译林出版社,2012:47-50.
③ 扎哈维. 胡塞尔现象学[M]. 李忠伟,译. 上海:上海译文出版社,2007:86.

西,当下被知觉的东西与遥远的回忆,甚至与想象的对象结合,让相似的东西唤起对彼此的回忆。被唤起的不仅是过去的东西,还有一个已逝去的世界和直观的世界。从当下的东西出发唤醒过去,让无生命的过往变得生机勃勃,直至把消退的东西重新作为直观浮现出来,与此相联结的是那交叠和渗透的过程,是对各种各样的"被唤起的"回忆世界的回忆的融合。而所有这些由联想唤醒和联结的过程都发生于被动的领域之中,无须自我的任何帮助。这种唤醒是从当下所知觉的东西中发出来的,这些回忆无论我们是否愿意都会"浮升出来"。相比之下,自我的主动性回忆可以使未被忘却的回忆片段现实化,但只有联想发出的唤醒作用才能使已失去的东西重新具有活力。[1] 显然,胡塞尔的这些观念是非常接近于普鲁斯特的。

德国哲学家本雅明认为,普鲁斯特关于"不由自主地"回忆和服务于理智的"有意的"追忆的观念,等同于法国哲学家柏格森所说的"记忆—形象"和"纯粹记忆"。[2] 柏格森认为这两种回忆的区别在于:"记忆—形象"记录我们日常生活中发生的全部事件,替我们追觅往日的形象,但只是单纯地保存过去,使已经体验到的知觉认识智能化或者说知识化;"纯粹记忆"则不以回忆起来的形象方式存在,而是受行动支配,具备产生真实运动的回忆特征。以回忆某篇我曾阅读过的课文为例,前一种回忆的对象是我曾经阅读过该篇课文这一事实,而后一种回忆则是我努力回忆课文的内容,回忆行为就是一种背诵的行为。相比之下,记忆—形象是再现往日,纯粹回忆则是表演往日,是对过往行为的重复。[3] 每当我们试图恢复一个记忆的时候,就会开始独特的行动,这种纯粹记忆的行动类似照相机的对焦过程,努力把模糊的形象捕捉为清晰可见的形象。而当我的记忆变成形象的

---

[1] 胡塞尔. 经验与判断[M]. 邓晓芒,张廷国,译. 北京:生活·读书·新知三联书店,1999:100,209-212.
[2] 本雅明. 巴黎,19世纪的首都[M]. 刘北成,译. 北京:商务印书馆,2013:194.
[3] 柏格森. 材料与记忆[M]. 肖聿,译. 南京:译林出版社,2011:64-65.

那一瞬间起,过去就脱离了纯粹记忆的状态,与我当前的某一部分合为一体。① 可以看到,虽然纯粹记忆以行动的方式努力地重复过往的真实体验,却无法提供真切的形象,而一旦记忆对准了焦点,记忆中的内容被定格为知识化、对象化的形象,纯粹记忆的那种努力行为也就顿时烟消云散了。柏格森指出,正是纯粹记忆的这种鲜明的无力量性,才使我们能理解它总是保留在潜伏状态的理由。

柏格森对两种回忆的区分非常近似于美国实验心理学家和哲学家威廉·詹姆斯,后者描述了一个被直接感受到的知觉和事后对该感受的反省活动之间的差异。看起来,当我们说"我感到累了"或"我生气了"时,我们正在命名我们当前的感受,在感受体验的同时又观察着体验的事实,表达着我们此刻的体验。但事实上,这只是一个错觉,因为我们在话语中所表达的疲劳和气愤,与先前的时刻所感受到的疲劳和气愤相比,已经有了很大程度的减弱。显然,这种命名的行为必然是一种对感知的事后追忆,换言之,在命名行为发生的即刻这些感受的程度就减弱了。② 但是,除了命名行为外,我们依然有可能努力重现曾经体验过的感知本身。对于这种回忆,詹姆斯用语言为例做了形象的说明。比如说当我看到一张久违的面孔,我想喊出对方的名字,却一时想不起来。我努力回想,他的名字隐约浮现在我脑海,我完全知道他的名字有几个字,甚至还知道押的是什么韵,可以说已经"含在我嘴里"了,却就是喊不出来。

> 一个是首次尝试过的体验,另一个是因为过去感受过,尽管我们不能命名它或者说出哪里或什么时候经历过它,但是被我们辨认出是熟悉的相同的体验,这二者之间奇怪的差异是什么呢?一首曲调,一袭气味,一种味道有时就将

---

① 柏格森.材料与记忆[M].肖聿,译.南京:译林出版社,2011:120、128.
② 威廉·詹姆斯.心理学原理[M].郭宾,译.北京:中国社会科学出版社,2009:193.

这种未经表达的熟悉的感受深深地带到了我们的意识之中。①

我们从中可以看到，胡塞尔、普鲁斯特、柏格森和詹姆斯对回忆有各自的见解，相互间有很多类似之处，并有一定的承接和借鉴关系。综合地看，他们都把回忆分为两类：一类是理性的、主动的、能够准确把握对象的，另一类则是感性的、经常被偶然地唤起的、虽然很模糊却能重现过往切身体验的。我们不妨就按照普鲁斯特的命名，把这两种回忆分别称为"主动回忆"和"被动回忆"。显然，在这几位眼中，更被看高一等的是第二类回忆也就是被动回忆，主动回忆只是它的陪衬。当人经历被动回忆的时候，就是处于前反思的"绝对意识"之中，思维在不经意的出神片刻完全摆脱了理性的常态，沉浸在对过往感同身受的体验中。正因为此，被动回忆总是突如其来，又转瞬即逝，当我们回过神来的时候就已烟消云散，并转变为主动回忆，通过反思构成清晰的客体意识了。而被动回忆向主动回忆转变的代价，就是前者那种活生生的真实体验减弱或消失：一旦焦距对准了，形象清晰可见了，或者说，那种难以言喻的感受能够用语言表达了，体验也就随之减弱甚至消失了。普鲁斯特笔下的马塞尔因小玛德莱娜点心而产生的独特感受，只在他尝到第一口时最为强烈，第二口、第三口下去，这感觉就逐渐淡薄，微乎其微了。而当他最终找回了丢失已久的记忆，想起了姨妈给他吃点心的往事，以及故乡的房子等景物的时候，早已没有了品尝点心刹那间的那种感受。但又恰恰靠着事后主动再回忆，我们才能把那种绝对体验用语言定格，比如描述我刚才沉浸于音乐中的心情到底是激动、陶醉还是悲伤。

被动回忆虽然可以为我们重现过去的感受，但绝不是完全再现，

---

① 威廉·詹姆斯. 心理学原理[M]. 郭宾, 译. 北京:中国社会科学出版社,2009：256-257.

最多只能接近于再现。就像詹姆斯所言,这种被重现的感受毋宁说是一种仿佛身临其境的"倾向",就好像"词的节奏还在",但却"没有穿上声音的外衣"。它是一种无限接近、呼之欲出的倾向,但无论怎么"欲出"就是出不来,似乎已经近在眼前却始终无法一把抓住,正所谓"虽不能言,心向往之"。就如普鲁斯特所描述,被小玛德莱娜点心所勾起的回忆在马塞尔心中慢慢升起,努力上升试图浮升到清醒意识的表面,却又时刻感受到巨大的阻力,故而这种回忆的感受总是遥远的、模糊的和不可名状的,"混杂着一股杂色斑驳、捉摸不定的漩涡"①。

经由被动回忆唤醒的,通常是埋藏在我们内心深处,不轻易浮出水面的往事,只能靠一些偶然的机遇去触及。或者说,它们总是时刻潜伏着,随时等待着某些机遇的呼唤,而完全不会被主动回忆涉及到。普鲁斯特认为"被动回忆"必须靠一些偶然的诱因才能被唤起:

> 往事也一样。我们想方设法追忆,总是枉费心机,绞尽脑汁都无济于事。它藏在脑海之外,非智力所能及;它隐藏在某件我们意想不到的物体之中(藏匿在那件物体所给予我们的感觉之中),而那件东西我们在死亡之前能否遇到,则全凭偶然,说不定我们到死都碰不到。②

在普鲁斯特那里,扮演"意想不到的东西"角色的就是一块小点心。在更多的时候,一句话、一段音乐,或者一些色彩和光影变化,都会让我们在顷刻间置身于往昔的某种氛围当中。固然,视觉在感官中通常扮演最重要的角色,但在唤醒回忆上的能力却远不及其他感

---

① 普鲁斯特.追忆似水年华·第一卷[M].李恒基,徐继曾,译.南京:译林出版社,2012:49.
② 普鲁斯特.追忆似水年华·第一卷[M].李恒基,徐继曾,译.南京:译林出版社,2012:47.

官。普鲁斯特就觉得往事一旦太久远,形状便会黯然,失去与意识会合的扩张能力,反倒是气味和滋味保留了长期的生命力。玛德莱娜点心扇贝壳的形状让人看了无动于衷,但点心和茶水相结合的味道却"对依稀往事寄托着回忆、期待和希望""以几乎无从辨认的蛛丝马迹,坚强不屈地支撑起整座回忆的巨厦"[①]。

同时,当被动回忆降临的时候,总会伴随着一种莫名的快感。事实上,如果我们能找到回忆的源头,会发现那不过是些普通的往日经历,并没有什么值得大书特书的——毕竟,倘若那段回忆真的是非常美好的话,也不可能长期埋在记忆深处而不被想起。虽然往昔的体验本身未必是"美"的,但只要我们能在被动回忆中重温这份体验,就仿佛会在顷刻间超越现实的当下,实现瞬间的审美,达到短暂超凡脱俗的幻境。且看普鲁斯特对此的描写:

> 一种舒坦的快感传遍全身,我感到超尘脱俗,却不知出自何因。我只觉得人生一世,荣辱得失都清淡如水,背时遭劫亦无甚大碍,所谓人生短促,不过是一时幻觉;那情形好比恋爱发生的作用,它以一种可贵的精神充实了我。也许,这感觉并非来自外界,它本来就是我自己。我不再感到平庸、猥琐、凡俗。[②]

这种感受和美国心理学家马斯洛所描述的"高峰体验"非常接近。高峰体验完全不同于日常生活的体验,当它来临的时候,会让人感觉在主观上超越时空,同整个世界融合在一起,同以前的非我融合在一起,达到自我实现和对自我的超越。[③] 当人全身心地沉浸在对

---

① 普鲁斯特.追忆似水年华·第一卷[M].李恒基,徐继曾,译.南京:译林出版社,2012:50.
② 普鲁斯特.追忆似水年华·第一卷[M].李恒基,徐继曾,译.南京:译林出版社,2012:47.
③ 马斯洛.存在心理学探索[M].李文,译.昆明:云南人民出版社,1987:72、95.

某件艺术品的欣赏中时,艺术体验和高峰体验之间完全可以画上等号。法国哲学家德勒兹就认为,通过记忆而体现的感觉符号是"艺术的开端",让人踏上艺术之途。在当下体验中重现的过去的感觉带来了异常的愉悦,这种愉悦来自某种"光芒中呈现的真理"。① 柏格森甚至认为,任何情感都具备审美的性质,只要这情感是通过暗示引起,而不是通过因果关系产生的。②

二、对场所的被动回忆

回忆有主动和被动的区别,对某个场所的回忆同样有主动和被动之分,我们先来看一下个人对场所的回忆方式,或者说场所在个人回忆中的呈现方式。法国哲学家和诗人巴什拉在《空间的诗学》中有这样的描写:正是由于形象的突然巨响,遥远的过去才传来回声,而我们并不能看到这些回声将在多远的地方反射和消失。③ 在他这里,突然勾起对往昔空间回忆的引子是"形象",是形象在原初发出召唤的巨响——但这形象一定是视觉形象吗?如果是的话,这发出"巨响"的形象一定是清晰的吗?答案并不是肯定的。霍尔将我们对建筑和场所的体验称为"纠结的体验",这种感受与事物"开始失去其清晰的瞬间"有关,是某种无形、不可捉摸、难以确定的事物。建筑结合了不同距离的景物,结合了材料、光影、细部、色彩等元素,构成一个连续而整体的空间体验,我们能把握的只是它的整体氛围。可见,现实的场所在我们意识中呈现的时候,其整体氛围的性质都要多于具体形象,更不要说在回忆中场所的具体形象会更加弱化,尤其是在被动回忆里,场所的形象几乎完全让位于氛围。印象中的场所可能是充满细节的,但细节却是模糊不清的。卒姆托描绘了自己对伊托·斯科拉执导的电影《舞厅》的回忆,影片刻画了一座带着瓷砖铺地、镶

---

① 德勒兹.普鲁斯特与符号[M].姜宇辉,译.上海:上海译文出版社,2008:54.
② 柏格森.时间与自由意志[M].吴士栋,译.北京:商务印书馆,2002:11.
③ 巴什拉.空间的诗学[M].张逸婧,译.上海:上海译文出版社,2009:2.

板墙面,后台有楼梯、侧间有狮爪的舞厅。然而在记忆里,这些舞厅的具体形象却都退居到次要的地位。

但当我闭上双眼,试图忘记这些物质痕迹和我自己最初的联想时,却存留下来一种不寻常的印象,一种更深的感受——我觉察到时光流逝,注意到生活在彼处彼所上演,且使该场所充满一种特别的氛围。在这一刻,建筑的审美和实用的价值、风格和历史的意义都退居次要,现在要紧的只有这种深深的凄迷之感了。①

大多数情况下,我们对场所的回忆是主动的,哪怕这番回忆来自于和场所相关联的事物造成的联想。我们在脑海中展现该场所的景象,或是室外的楼宇花木、蓝天白云,或是室内的家具摆设,同时展现的还有场所中的光线、色彩、氛围,以及在场所中的人物,在其中发生的事件。在这种回忆中,视觉形象是首要的,甚至场所中的氛围也是以形象的方式浮现在脑海中的。而在另一些情况下,出于某些偶然因素的呼唤,我们仿佛被带回到某个曾经身处的场所,它的具体形象已完全模糊,我不记得那里有什么建筑、什么装饰,但那种氛围却让我仿佛身临其境,我似乎嗅到了当时的气息、感到了当时的气温、看到了当时的光影,甚至体验到当时的心境。虽然只有在形象清晰的主动回忆里才能考察对象的形体和谐与美观,但相比之下,却是被动回忆更能激发我们在场所体验中的审美情绪。

进一步分析,关于场所的被动回忆又可以分为两种情况。第一种情况,回忆因场所的某种特征被唤起,场所既是回忆的诱因,又是回忆的终点。在这种情况下,感官与场所的联系是直接的。第二种情况,则是关于某个场所的回忆被某些因素唤起,场所不是回忆的诱

---

① 卒姆托.思考建筑[M].张宇,译.北京:中国建筑工业出版社,2007:26.

因,只是回忆的终点。在这种情况下,产生回忆的原因不取决于场所本身的特性,感官与场所的联系是外在的、偶然的。

先看第一种情况。如前文所述,空间是抽象而几何化的,其属性只有体积的大小,故而在所有感官里,只有视觉和听觉可以产生纯粹的空间意识。相比之下,场所的特征是具体而多样的,触觉、味觉、嗅觉都能与场所的某种自身属性相关联。唤起回忆的因素可以是视觉上的,比如建筑的材料、光影、细部、色彩,或是前、中、远景联系起来的透视效果,均会令人产生对另一个时空的遐想。这些因素也可以是非视觉的,比如我们在故乡的村庄听到自然界的各种声音,闻到花草的芳香,触摸到水、土壤的质感,甚至风吹过时肌肤的触感,于是当我们日后在他乡重温这些声音、气味和触感时,就会激起对故乡的回忆。这方面对特定地域的感知尤为典型,如北方特有的雪夜静谧的气息,江南梅雨时节细雨无声的氛围,它们通过感官和地域的紧密联系,甚至超过了当地标志性建筑带来的视觉印象。

在第二种情况下,唤起记忆的可能是某种图形或符号,也可能是其他感官,其中又以音乐产生的效果最为强烈。这些因素并非场所自身的属性,但因为和我们经验中的某个场所有某种联系,所以能在瞬间让往日重现。可以理解为由"通感"引起的回忆,形象、气味、声音等各种感觉经验都被打通。这有些类似于生理学上的"条件反射":铃声和食物之间并无先天的必然联系,只因为二者在实验中总是一起出现,才导致狗在听到铃声后会自然而然地流口水。再次借用小玛德莱娜点心的例子,点心和场所本身并无直接关联,但正如德勒兹所指出的,不自觉的记忆的最关键之处就在于内化的差异,使两个原本具有差异性的对象之间的关联成为内在的①——比如点心的味道和故乡的场景。类似的例子还有很多,比如听到国歌响起就会想起中小学的操场,在国外闻到烹饪中餐的油烟味就会想起国内住

---

① 德勒兹.普鲁斯特与符号[M].姜宇辉,译.上海:上海译文出版社,2008:61.

宅的楼道，触摸到质感光滑的纸制用品就会想起办公场所等。

无论以上两种情况中的哪一种，只要是对场所的被动回忆，被唤起的多半都不是具体的形象，而是场所中的整体氛围，光线的明亮或暗淡，气息的清冽或炙热。明确的视觉形象则通常与事后的反思相关，当普鲁斯特借马塞尔之名确切想起故乡的房子和街景时，已经是被动回忆彻底消散，那种令人感到超凡脱俗的快感完全消失的时候。

尽管非视觉感官对回忆起着重要的作用，普鲁斯特甚至认为它比视觉更加有效，但不可否认的是，在大多数情况下，我们对场所的认识是通过视觉来完成的。对于视觉和记忆的关系，后现代主义建筑师似乎是最有发言权的，因为他们一直试图通过建筑表面抽象化的复古符号来唤起公众对历史传统、文脉的记忆。作为视觉形象，符号确实能激发对某些相似形象的联想，如悉尼歌剧院在造型上和白帆、贝壳的联系；符号也能勾起社会文化层面的集体记忆，如大理石的古罗马式柱子对典雅、高档的隐喻。然而，这种依托形象为载体的回忆是肤浅、外在的，效果也是有限的。相比之下，那些超出形象的视觉元素，如建筑细部的材质、色彩及其造成的光影和氛围才能唤起人更深刻的被动回忆。甚至有的时候，一些原本与视觉无关的建筑元素也可以通过视觉来加以认识，就如梅洛-庞蒂在《塞尚的疑惑》一文中所言："在原初知觉中，触觉和视觉的区分是未知的，正是关于人体的科学后来教会我们区别我们的感官……我们看见了物品的深度、滑腻、柔软、坚硬——塞尚甚至说，它们的味道。"[①]

"看见物体的味道"的说法固然过于夸张，但不可否认的是，视觉可以感知的不仅仅是形象，还有更多的东西：色彩和光线天生具备的冷暖特性可以让人"看见"固体与空气的温度；建筑材质表面的光色效果、反光程度也能让人"看见"质地的软硬，肌理的粗糙或滑腻。这些超形象的视觉体验带给人个体化的回忆，显然要比符号引起的集

---

① 梅洛-庞蒂. 眼与心：梅洛-庞蒂现象学美学文集[M]. 杨大春，译. 北京：商务印书馆，2007：10.

体性记忆更为深刻。美学家阿洛伊斯·里格尔区分了"触觉"（haptic）和"视觉"（optic）两种感官，认为前者会在人和事物的近距离接触中造成物我交融，主体失落的后果。而随着人类艺术的发展，触觉越来越多地依靠视觉甚至想象来表现，如文艺复兴之后绘画里出现的大量质感描绘就都是诉诸视觉的。撇开绘画的再现效果，现实中视觉和触觉的共同作用会令感知更加强烈而真实，鹅卵石小道和柏油马路所唤起的情感就不一样，粗糙的砖石墙面和光滑的金属幕墙带给人的感受也不一样。能够导致人产生独特而强烈的环境体验和场所记忆的，绝非形象符号化的外在意义，而是材质通过视觉和其他感官引起的触景生情。

三、被动回忆中的期待和想象

在感知中，回忆、期待和想象之间经常相互渗透，难分你我。为了说清这三者之间以及它们与当下感知之间的关系，我们有必要从不同层面加以说明。

首先，任何期待和想象必须以一定的个人经验为基础，故而回忆对期待和想象起到了奠基的作用。胡塞尔把非当下感知的心理活动都称之为"当下化"：回忆是把过去发生过的事在意识中当下化，期待和想象则分别是对将要发生的事和不存在的事物的当下化。[①] 但这三种"当下化"其实并不具有对等性，因为毕竟过去的事是已经发生过的，对它进行当下化的再现无可厚非，但对于尚未发生和根本就不存在的事，我们对其真实性根本无从知晓，又谈何"当下化"？如果我们每天按照固定的作息时间去工作、去用餐、去购物或从事娱乐活动，所以我们能知道即将发生的事情，那实际上这是根据过往经验的一种推测，以此作为期待的基础。而要对完全没有经历过的事作期待的话，这样的"期待"毋宁说是一种想象。至于想象，虽然按照胡塞

---

① HUSSERL E. Phantasy, Image Consciousness and Memory[M]. Dordrecht: Springer, 2005: 109, 241, 280.

尔的说法，是人在意识中"发明"出来的事物，但任何想象都不可能是无源之水，它必须是以一定的经验为基础的。比如"独角兽"或"半人半马"，虽然是现实中不存在的事物，但我们也必须在童话书或媒体中看到过它们的样子，才能在脑海中呈现这样的东西。就算完全不了解何为"半人半马"，至少也会根据对人和马的认识，来想象它的样子。所以虽然同为"当下化"，回忆却占据了奠基的地位。具体到场所认知过程中，具有期待性质的前摄正是从经验和与经验相关的想象中获取构造视域的材料，作为对下一个场景的期待，可以说这是一种"具有回忆性质的期待"。

其次，不存在与过去或将来无关的绝对当下，任何当下感知都不是完全孤立的，而在其周围有一个时间的晕圈。狄尔泰在论述他的"生命哲学"时就指出：现在不仅意味着正在体验的现在，同时还通过记忆包括了过去的观念，又通过想象包括了关于未来的观念，生命的每一瞬间都由这三维特性构成。[①] 詹姆斯用了"思想流"或"意识流"形容人的意识，认为它就像鸟的生活一样，只有飞翔与栖息的状态更迭；[②]柏格森的"生命哲学"同样强调"绵延"的心理时间，认为内心状态是彼此渗透并陆续出现的。[③] 显然，以上几位都指出了人的当下感知是和回忆、期待相互渗透的，他们的理论都对胡塞尔"时间域"概念的提出具有启发作用。但是，这几位多少还是把"当下"作为意识的考察点来看待人的回忆与期待的，和他们相比，胡塞尔的理论又前进了一步。

最后，不仅当下的感知可以与回忆和期待一起混合构成时间域，也不仅是人对当下事物的感知中总会掺杂进对过去的回忆，更值得注意的是，在回忆之中也包含了期待的成分——胡塞尔比前人更进

[①] 狄尔泰. 历史中的意义[M]. 艾彦，译. 南京：译林出版社，2011：50.
[②] 威廉·詹姆斯. 心理学原理[M]. 郭宾，译. 北京：中国社会科学出版社，2009：244、248.
[③] 柏格森. 时间与自由意志[M]. 吴士栋，译. 北京：商务印书馆，2002：158.

一步的地方,就在于他揭示了这一点,而不仅仅以当下为出发点来考察各种体验之间的相互渗透。胡塞尔认为,在体验之流中出现的任何一个体验都应当包含一种原始的,哪怕是完全空洞的期望视域,一种最初是纯粹被动的期望视域,这就是前摄。属于一个具体当下意识的,不仅有滞留中的过去时段,而且也有前摄的未来,即使是完全空洞的未来。① 而且,并不是当下现实的感知意识才会被前摄所充盈,每个回忆同样含有期待意向,它们的充实会导向当下。再回忆具有一个前指的期待,排除了所有的可能,而只是一种不确定的原初期待的结构。再回忆不是期待,但它具有一个指向未来,并且是指向再回忆的未来的视域。这些回忆中的,以及在回忆中被前摄所意指的事件,其状态是"拟当下"的。② 于是我们看到,当我们处于"被动回忆"中时,在回忆的同时意识里还有一个指向未来的倾向,一种"回忆中的期待"。这个指向本身是空乏的,是一种不确定的意向,没有具体事件去充实,但同时也具有无限被充实的可能性。更重要的是,这种回忆中的期待意向会直指当下,影响我们当下的心理体验。

由此我们能够回答这样一个问题:为什么在被动回忆发生时我们会感到一种快感? 其实被回忆起的那个过去可能并没有什么特别美好之处,但被动回忆本身却给当下的体验之流造成了影响,让我感到了一种"空乏的前摄",一种向未来敞开的无限憧憬、无限可能。心中这个"拟当下"的未来不仅仅是回忆中的未来,也是从现在开始的未来,它没有明确的内容,却可以任我们天马行空地展开无尽畅想。就像柏格森所说的,心目中的未来充满了无穷可能,因而好像比事实上未来能使我们有更多收获,希望比占有更加明媚。③ 正因为这个空洞的未来是不具体的,才使它的意向摆脱了任何可能的经验作

---

① 胡塞尔.经验与判断[M].邓晓芒,张廷国,译.北京:生活·读书·新知三联书店,1999:133.
② 胡塞尔.内时间意识现象学[M].倪梁康,译.北京:商务印书馆,2009:86.
③ 柏格森.时间与自由意志[M].吴士栋,译.北京:商务印书馆,2002:6.

为先例,成为一种抽象且纯粹的期待,让人在转瞬之间展开无尽畅想,又和被动回忆如出一辙地在人回过神后瞬间消散。当我处于对某场所的被动回忆中时,只会被带回往昔的氛围中,而忽略当时当地发生的具体情节。同时,我还会有一种对在这里有可能发生的各种情节的憧憬,由空洞的期望带来的对未来的美好遐想,并因此获得了审美体验。这种审美体验不仅指向回忆到的那个场所,也指向令我们产生回忆的当下的场所。

我们已经看到了隐含在被动回忆里的期待倾向,那么,在被动回忆中是否也隐含了想象的成分?虽然胡塞尔将想象定义为对不存在的事物的"当下化",但他自己也不得不承认:想象很可能并非来自主动的当下化臆想,而是来自模糊的回忆,是回忆的不自觉变形,所以想象总是和其他体验相互交织,事实上未必存在纯粹的想象。[①] 他还发现了滞留和想象的相似之处:滞留被描述为一种变异的再造性想象,毕竟在滞留意识中的现在不同于当下的现在,而是对刚才的当下感知,原意识在向滞留的过渡中发生了某种变异,而无独有偶,作为当下化的想象也是一种变异的意识。虽然看上去前摄更接近于想象,虽然滞留是"第二当下性"而非"回忆当下化",但却是滞留和想象相互平行的地方。同时,胡塞尔又把想象分为两类:在"仿佛"中给予当下实在性的"明白的想象"和隔着"一层雾"使客体成为表象的"不明白的想象"。在滞留中,原意识的印象随着时间的后退不断弱化,但依然保持着一个对象意向,这一点又和"不明白的想象"非常相似。胡塞尔在这里似乎陷入了一个尴尬的境地:既要按照想象的结构来描述滞留,又要保证滞留对"当下化"的独立性。[②] 到后来他索性认为,纯粹的想象包括在感知、回忆等各种经验之中。[③] 既然滞留都具

---

① HUSSERL E. Phantasy, Image Consciousness and Memory[M]. Dordrecht: Springer,2005:610.
② 肖德生.胡塞尔在贝尔瑙手稿中对前摄的描述与分析[J].中山大学学报(社会科学版),2001(3):184-189.
③ 胡塞尔.笛卡尔式的沉思[M].张廷国,译.北京:中国城市出版社,2002:38.

有类似想象的变异性，那么在回忆中就更会有一些不真实的、过去事实的变异成分。在被动回忆中，由于这种回忆本身的模糊性，又进一步增加了它的不真实性。同时，我们在被动回忆中努力恢复的是往昔的感知，体验本身却是发生在当下，在当下体验过去的感受，这本身就会导致对现实的迷失。这种迷失感导致了对现实感受的不真实性，在场所体验中又来得尤为强烈。

对于场所的被动回忆过程，可以作如是描述：我们身处某个现实中的场所，该场所的某些特征又和我们过去曾身处的某场所有一定的联系，于是勾起了我们对过去场所的回忆，重新体验到了当时身处该场所的感受和当时该场所的独特氛围。这种体验会导致一种对当下场所的"迷失"，仿佛自己此刻置身于过去的那个场所中。因为意识在被动回忆中所到达的场所呈现的不是具体的形象，而是整体的氛围，所以更容易和当下的场景相结合，造成现实和往昔的混淆。这种迷失和对场所的被动回忆同时出现，难分你我，同时具有想象的特征，提供一个"仿佛当下"的现实。但这种对现实场所的迷失又不同于通常意义上的想象：在一般的主动性想象中，我们作为想象者虚构的一个对象，在脑海中或者说在"眼前"虚构一个不真实的景象——用胡塞尔的话来说，这是一种"当下化"的行为，是将臆想出来的客体以图像化的方式置于意识中。而在场所迷失体验中，我们眼前看到的，的的确确就是真实的景象，但它所呈现的氛围却让我们联想到另一处场所，即便意识中的景象有非真实的虚构成分，也是由眼前的真实场景幻化出来，并与之重叠和融合在一起。另外，在我们主动的想象中，我们或是清楚地知道想象的内容与现实的差异性，或是对虚构对象的存在性采取"悬置"态度，不关心它是否真的存在。而在场所迷失中，我们对于眼前的场所产生迷惑，至少在迷失的瞬间是难以分辨清现实和虚幻、当下和过去的。

四、场所迷失体验

经过上述各种分析后,我们可以对所谓"场所迷失"的体验做一番具体论述。我们可以理解为这种体验就是一种在场所的被动回忆中产生的想象,它具有两方面的特征:一是类似被动回忆,在偶然的情况下被某些因素唤起,造成往昔场所的氛围在意识中重现,并且转瞬即逝;二是类似想象,通过意识营造一个虚拟的现实。当场所迷失感不期然地降临时,我们眼前看到的仍然是现实的场景,但会有一种恍若身处另一个时空的迷惑,好像眼前的场所并非是现实的所在,在这个场所之外我所看不到的地方,是另一个充满了精彩和诱惑的时间和地点。

我们可以用胡塞尔的视域理论来分析这种迷失的本质:当场所迷失发生时,我们看到的场景并未发生变化,但由于其中某些视觉的或其他感官的因素,导致我们产生了对过往某个模糊场景的被动回忆,于是对眼前直观看到的场景周围的视域产生了错觉,似乎当下场景不是处于现实的环境里和背景下,而是和我们记忆里的场所混为一体,由此处在了另一个时空中。或者说,眼前的场所此刻被意识"悬置"并重新"立义",它不再和现实的外部环境相连,和它"共现"的是另外一个时空。比如当我在黄昏时分从外滩眺望陆家嘴时,暮色中鳞次栉比的摩天大厦令我想起某部科幻影片中赛博朋克风格的场景,于是在刹那间我产生了错觉,仿佛此刻呈现在我眼前的并非现实中上海的一个城区,而是某个即将爆发星球大战的未来都市一隅。德勒兹在分析普鲁斯特的作品时指出,不自觉的记忆的本质在于内化的背景,使过去的背景和当下的感觉之间不可分离,产生了一种"真实但不现实"的幻觉。[①] 可见,这种迷失的根本,在于对场所背景和对视域的迷失。用纯粹的现象学语言可以这样来解释:在场所迷

---

① 德勒兹.普鲁斯特与符号[M].姜宇辉,译.上海:上海译文出版社,2008:61.

失过程中,我们对眼前的现实场所采取了"悬置"的态度,去除了对现实环境的真实经验,让它变成了纯粹的现象,再与我们内心深处的记忆相对接。

细分的话,场所迷失也有两种情况:一种是对熟悉的场所的迷失,另一种是对陌生场所的迷失。在前一种情况下,我们会发现平时熟悉的环境突然显现出不同往常的面貌,仿佛令我们换了全新的眼光看待周遭事物。这种时刻,我们就会对当下场所作出审美的判断,就像段义孚在《恋乡感》一书中所说的那样:

> 当对风景的赏识被混合进对个人经历的记忆时,就会变得更个人化,持续更长久……对环境美的强烈意识通常来自瞬间的显现,这种意识极少来自被接受的观念并很大程度上独立于环境自身的特征。如家一般熟悉的,甚至乏味的场景都会展现出此前不被注意的一面,而这种进入现实的新眼光有时就被体验为"美"的。①

段义孚用"恋乡感"(Topophilia)一词来形容人与场所或环境之间的情感纽带,他认为人对环境的反应首先是审美的,这种美来自转瞬即逝的视觉快感。② 在这里,人所恋的"乡"未必是故乡,而是泛指的场所。如果说对熟悉场所的迷失令我们"对熟悉的场所感到陌生"的话,那么对陌生场所的迷失则会让"陌生的场所变得熟悉"。事实上,第一种情况的"陌生"和第二种情况的"熟悉"是一回事,其源头都来自内心深处久远的场所记忆。之所以"陌生变熟悉",是因为记忆中的场景"覆盖"了眼前陌生的场所;而之所以"熟悉变陌生",则是因

---

① TUAN Y F. Topophilia[M]. New Jersey:Prentice Hall,1974:95.
② TUAN Y F. Topophilia[M]. New Jersey:Prentice Hall,1974:4、93. 其实"Topophilia"一词原本为巴什拉最先使用,指的就是人的场所爱好,人对幸福空间的追求。巴什拉. 空间的诗学[M]. 张逸婧,译. 上海:上海译文出版社,2009:23.

为记忆中的场景"覆盖"了眼前熟悉的场所。在熟悉的场所中所体验到的迷失感,在陌生的场所中同样可以体验到。我们会被陌生场所中的某些因素勾起回忆,感到某种莫名的亲熟性,仿佛它是我记忆深处某个曾涉足过的理想之境。卒姆托就指出,思维过程是与形象相交织的,而这些形象来源于记忆中曾去过的场所:

> 每当我思考建筑时,各种影像就浮现在我脑海里。在这些影像中,有许多跟我作为一个建筑师所受的训练及从业经历有关。它们当中包含着我这些年来积累的建筑学专业知识。其他的影像则来自我童年的经历。曾几何时,我无需思考就可以体验到建筑……此类记忆包含了我所知晓的最深刻的建筑体验。这是我从事建筑师工作时探求建筑氛围和影像的宝库。……虽然我无法勾画出任何特定的形式,但是已有足够丰富的暗示可以使我相信:这是我以前见过的。①

因为视域和时间域的存在,我们对场所的感知不是孤立和片段化的,而总是带着对前一个场所的意识滞留。但在场所迷失体验中,我们的意识却经历了一个完全相反的过程:原本连贯的场所意识被割裂开来,眼前的场所既与它真实的环境相分离,也不再和我们抵达的路径有关联,往昔的回忆同时乘虚而入,取代现实的周遭环境占据了意识空间。当我们长时间注视某一场所的时候,往往会出神,恍惚间对眼前的场景产生迷失感,仿佛正置身于别处。就如同卒姆托描述的一样:

> 当我们注视着那些平静自在的物体和建筑时,我们的

---

① 彼得·卒姆托.思考建筑[M].张宇,译.北京:中国建筑工业出版社,2007:7-8.

感知亦变得平稳而迟缓。我们的感知对象没有传给我们消息，它们仅仅是存在着。我们的感官逐渐变得沉静、不带成见、不再渴急。它们超越了标志和符号，它们开放而空寂。我们仿佛可以看见一些平常我们无法将意识聚于其上的东西。此时，在这感知的真空中，某段记忆也许会浮现，它是一种似乎从时间长河深处产生的记忆。①

因为对当下场所长时间的注视，使得意识中先前场所滞留的痕迹逐渐褪色并最终被洗清，眼前的场所被提炼并"悬置"了起来，以至于我对现实场景采取了"终止判断"的态度，丧失了对之先入为主的"成见"②，让它和我先前经过的场所之间不再有意识上的联系，和周边环境亦相互分离，导致了"感知的真空"。我对现实环境和场所的信念尽管没有被彻底剥夺，但也退居到了边缘状态，意识出现了中断或停顿，对它们的经验大大减弱了。可以表述为这一过程就如同是"现象学还原"的过程，让我们摆脱了对现实场所的一切先见，回到了场所这一"事物的本身"。与此同时，内心深处的记忆通过"被动回忆"的方式浮现，并在意识的统觉中置换掉了真实的周边环境，而和眼前经过悬置的场所连接在一起，让现实场所在意识中暂时脱离了客观的位置，自己便在恍惚中仿佛置身于另一个时空，场所迷失感就此发生。如沈克宁所言，这种意识状态就是从概念的"景"中走出来，面对真实的景，通过纯粹的意识状态将约定俗成的成见加以悬置，去除偏见去体验景之纯粹现象，在对建筑纯粹现象的体验中所获得真情。③

---

① 彼得·卒姆托. 思考建筑[M]. 张宇,译. 北京:中国建筑工业出版社,2007:16 - 17. ZUMTHOR P. Thinking Architecture[M]. Basel, Boston, Berlin: Birkhäuser — Publishers for Architecture,1999:17. 这里的引用对原译文有所改动,原译文和《前言》里所引用的沈克宁的译文也不同。

② 卒姆托文中"不带成见"一词的原文是 unprejudiced,原译文译作"公平",显然是没有理解作者的原意。沈克宁把这个词译作"不带偏见",似乎也不如"不带成见"更具现象学意味。

③ 沈克宁. 建筑现象学[M]. 北京:中国建筑工业出版社,2007:67.

海德格尔曾描述过著名的"讲台体验"：作为一名教师，当我走进教室，看到讲台，我看到的既非直角相切的棕色平面，也不是用小木箱组装起来的大箱子，而是我要在上面讲话的讲台，一个直接从周围世界向我给出的东西。但如果是一个来自塞内加尔的黑人看到这个讲台，他看到的只是一堆色彩复合体，一个径直存在的单纯物件。① 通过这个例子，海德格尔阐述了对事物的理论化认识和日常体验之间的差异。而在场所迷失过程中，意识通过对周遭环境的"现象学还原"，使我们既摈弃了对场所理论化的认识，又不对之报以日常生活化的态度，反而以一种类似"塞内加尔人看讲台"的眼光，把现实场所看作一个独立于周围世界的、只是径直存在于眼前的场所，以便为审美的眼光留出空间，让记忆中的景象与之融合。在这个时刻，意识脱离了日常生活态度，放弃了对周围世界的信念，切换进了绝对体验的档位中，剩下的只有对当下场所的超当下审美。

胡塞尔在意识的意向体验中划分出了两个阶段的趋向：我思之前的趋向，以及作为趋向之作用后果的关注或转向。通俗地讲，就是意识先从通常的清醒状态转入忘我的绝对体验，再重新返回反思性的我思阶段。在第一个阶段，原本作为意向性背景体验的刺激开始加强，并逐渐从背景走向前台，转变为意向性客体。这是一种渐进的趋向，意识在越发强烈的情绪支配下趋于忘我，指向了意向性客体。这时候的意识虽然不是处于完全清醒的状态，但依然保持了潜在的清醒。到了第二阶段，意识的焦距终于对准了对象，意向性客体就变成了真正被把握的客体，背景体验转变为现实的我思。意识从忘我的绝对体验中被唤醒，自我转向了客体。② 在场所迷失体验的过程中，意识也经历了类似的从清醒到迷失，再恢复清醒的转向。当我长时间地注视某场所，开始出神的时候，就是意识第一阶段转向发生之

---

① 海德格尔.形式显现的现象学[M].孙周兴,译.上海:同济大学出版社,2006:8-10.
② 胡塞尔.经验与判断[M].邓晓芒,张廷国,译.北京:生活•读书•新知三联书店,1999:97-98.

际，过往记忆夹杂着超越现实的幻想从意识深处的背景位置不断向前台浮现，占据我的意识，模糊并替换了眼前的场景。意识先是被触动，然后随着情绪的增强而全神贯注于被替换的场景，从而彻底迷失了自我，也迷失了现实。当短暂的高潮过后，意识辨识清楚了眼前场景的实质，也就从迷失状态中觉醒，回过了神来。作为反思性的我思，此时的意识才把握住了真正的客体，被把握的不仅有以清晰的形象展示于意识前台的现实场景，还有刚才场所迷失的体验行为本身，以及体验中臆想的场景。

当被动回忆发生时，意识总是在感官接触到某种诱因的那一瞬间，就回到了往昔的氛围中；而在场所迷失体验发生时，则往往需要意识经过一段时间的出神，才会陷入超越现实的幻觉。不过当我们在刹那间看到某个对象时，也可能当即就体验到对现实的迷失。比如我坐在行驶的车中，当我突然向车窗外看去时，很可能因为意识中滞留景象的缺失以及视野的限制而导致对窗外场所的陌生感，哪怕这原本是我很熟悉的地方。如果在我尚来不及认清眼前场所之时，回忆就已经抢先浮现占领了意识，那么现实场所无须经过还原即可直接显现，意识也会跳过第一阶段的转向而直接进入绝对意识，体验场所迷失。

和被动回忆一样，场所迷失也是一种前反思的体验，它无法主动地去把握，而总是不期然地出现。为什么场所迷失会带给人审美感受？不光因为迷失会带来对现实的超越，让熟悉的场所变得焕然一新，也因为和被动回忆一样，迷失中同样会带有指向未来的期待意向。这不仅是回忆中的期待，也是当下意识的前摄，回忆、期待、想象在这一刻融为了一体。就如巴什拉所说，想象力很少将各种回忆区别开来，想象力在它的活跃行动中使我们既脱离过去，又脱离实在，而向未来开放，将现实功能和非现实功能联系在一起。[①] 就在这样

---

① 巴什拉.空间的诗学[M].张逸婧,译.上海:上海译文出版社,2009:21-22.

一种回忆、期待、想象交织的情绪中,我们仿佛既超越现实又拥有无穷无尽的未来,达到一种完全的审美境界。虽然这份包含了无尽期待的快感只存在于转瞬之间,但它和迷失体验本身一样,可以在事后加以把握。过去的原初感受是一种"原意识",因为意识中滞留的存在,使得它可以在事后第一时间通过反思性意指而被课题性地把握,并且在日后通过主动的"再回忆"多次回顾——虽然不可能对意识作本原的复制,但至少我们可以做到接近它的"拟意识",并用语言把那份短暂的审美体验定格,进行理性的表述。不然的话,普鲁斯特也不会有《追忆似水年华》那样的巨著和"小玛德莱娜点心"那样传神的描写了——用詹姆斯的话来说,对感受的事后追忆就是对之用语言做"命名"的过程。在《内时间意识现象学》之后的《关于时间意识的贝尔瑙手稿》中,胡塞尔不再把原意识当作时间意识的核心,而将之界定为被充实的期待:先有一个空泛的期待,然后被充实为原体现的感知。而在前摄被充实为当下感知后,也随即转变为滞留,所以每一个当下我们的意识里既有前当下的滞留,也有前前摄的滞留。[①] 通过滞留,我们可以及时定格反思的体验,并在日后加以回顾;又因为前摄向滞留的转变,使得我们在回顾迷失体验时不但能够重温幻想中的场所形象和氛围,还可以借助滞留中的前摄,重温迷失发生时的那份无尽的期待和幻想。

---

① 肖德生. 胡塞尔在贝尔瑙手稿中对前摄的描述与分析[J]. 中山大学学报(社会科学版),2001(3):111-113.

第三章
场所审美中的空间性与时间性

第一节 视域的扩展:世界

一、记忆的贮藏库

在场所体验中,回忆对期待和想象具有根本的奠基作用。无论场所迷失还是场所认知,都必须以记忆中的场所为前提,让它来与现实场所相融合。胡塞尔认为在对象本身被给予之前,一个对象就已经在想象的直观描画基础上得到了摆明,这时候总有同一种或相近类型的、曾被给予的对象的回忆在起作用。① 回忆中还具有某种综合:当前回忆被指向知觉中的那个相同的对象,意识中隐含的东西仍能激发那些指向新对象的新经验。诸多空洞的意向在过去经验的贮藏库里有其源头,每个经验都永恒地潜伏于无意识的贮藏库中,并能

---

① 胡塞尔.经验与判断[M].邓晓芒,张廷国,译.北京:生活·读书·新知三联书店,1999:152.

够随时激发未来的经验。① 任何思维都不是无源之水,在每个人的意识深处都有一个记忆库,所有的回忆和想象都能在里面找到源头。除了胡塞尔,柏格森和詹姆斯也都各自对人的记忆贮藏库作过相应的描述。

在日常生活中,我们记忆里的某些景象会不自觉地浮现到眼前,和现实的场景相融合。柏格森指出,不存在没有充满记忆的知觉,回忆和知觉原本就是相互混合,你中有我,我中有你的。在人的意识中,每当感知现实事物时,直觉性的记忆就会加入进来,存留在记忆中的以往形象会不断和当前的知觉混合,甚至取代知觉,不断丰富乃至淹没当前体验,把过去和现在的众多瞬间相互渗透成为一个有机的整体。记忆结合得越多,人从某事物上获得的感受就越是丰富多彩。甚至和记忆相比起来,真正的知觉只是一小部分,记忆一有机会开始运作,知觉就会结束,完整的知觉里充满了回忆起来的形象。② 柏格森把人的知觉描绘成一个圆锥体,在它的圆形底面上,分布着全部回忆,普遍表象在尖顶和底面之间持续不断地来回摆动。柏格森强调了回忆和当前知觉的相似性,认为二者总是相互混杂、不分你我,同时知觉具有一定的选择性,不然就无法解释为什么偏偏是这个回忆而不是那一个,会恰好浮现在意识的光明里。③ 当然,这种选择性是不自觉的、无意识的。德勒兹继承了柏格森的哲学,并尝试将他的思想和电影作互释,即运用柏格森的回忆理论来解释电影的闪回等镜头模式,同时用影像的变化来说明人的记忆模式。他把回忆分为"大循环"和"小循环"两类,当被动回忆也就是柏格森说的纯粹记忆发生时,现实影像就和记忆圆锥体内的潜在对应物一起构成了小循环。与此同时,小循环也被包容于更深层次的潜在循环,即可以调

---

① A. D. 史密斯. 胡塞尔与《笛卡尔式的沉思》[M]. 赵玉兰,译. 桂林:广西师范大学出版社,2007:108.
② 柏格森. 材料与记忆[M]. 肖聿,译. 南京:译林出版社,2011:16,48.
③ 柏格森. 材料与记忆[M]. 肖聿,译. 南京:译林出版社,2011:150-152.

动整个回忆的大循环之中。① 每一次回忆,小循环都在记忆库的大循环中探寻素材,同时也预示了作为其外延潜在性的深层次循环。虽然柏格森指出了知觉对回忆的选择性,德勒兹也补充了现实和记忆之间的对应性,但这种"选择"更多的还是一种随机选择,自我只是被动地等待回忆浮出海面,而缺乏主动性。

柏格森的缺陷在詹姆斯那里得到了弥补,他认为知觉不仅对记忆具有选择性,而且对记忆贮藏库本身就具有整合能力。和柏格森一样,詹姆斯认为人的意识和回忆总是相互掺杂、难分彼此的,但不同于柏格森的是,他不认为回忆是随机浮现在人的清醒意识中,而是被意识进行过不自觉的,但又是主动筛选的。

> 心灵在每个阶段都是一个同时存在多种可能性事物的剧场,意识就在于将这些可能性事物相互加以比较。通过注意力的强调和抑制作用,从中选出一些可能性事物,并且抑制剩余的可能性事物……心灵处理它所接收到的资料,很像雕塑家处理他的石块。从某种意义上说,雕像永久以来就矗立在那里了。但是,除了这尊雕像以外,还存在有上千尊不同的雕像,而且这尊雕像能从剩余雕像中摆脱出来只能归功于那位雕塑家。我们每一个人的世界也是如此……就像雕塑家那样,通过简单地拒绝既定材料的某些成分,使雕像脱颖而出。其他的雕塑家,从相同的石头中解脱出其他的雕像!其他的心灵,从同样单调和无表现力的混乱中解脱出其他的世界!我的世界只是对那些可以抽象出它们的人来说,同样植根于混乱之中、同样真实的百万个世界中的一个世界。②

---

① 德勒兹.电影Ⅱ:时间—影像[M].谢强,蔡若明,马月,译.长沙:湖南美术出版社,2004:124.
② 威廉·詹姆斯.心理学原理[M].郭宾,译.北京:中国社会科学出版社,2009:298.

很明显,詹姆斯在这里强调的是心灵或意识对过往经验的选择能力。每个人都会按照自己的喜好来整合记忆库,将自己喜欢的内容放在容易被记忆提取的地方,把不喜欢的埋藏在深处。即便是有相同经历的两个人,因为口味的不同,也会整理出不同的记忆贮藏库,如同用相同的石头雕出不同的雕像。其实在接触各种经验时,我们已经通过注意力进行了第一次选择,将一部分内容剔除出了记忆库,而对剩下的内容,再通过偏爱和喜好做第二次筛选。虽然詹姆斯断言,总体来说人类在很大程度上意见是一致的,但他还是认为从来没有两个人会以同样的方式进行选择。每个人都会根据自己独特的品位"将整个宇宙分为二等分",而且按照自己的方式"划分出了这两半之间的界限",把宇宙分为"我"和"非我"两部分。[1] 由此,我们可以看出柏格森和詹姆斯对记忆库的不同态度:柏格森把个人的所有经验全都装进了巨大的记忆圆锥体,詹姆斯则通过心灵的选择把记忆库限定成为"二分之一个宇宙",也就是宇宙里属于"我"的那一部分,里面都是符合自己口味的内容,包括自己喜爱的场景、经验,而把不喜欢的关在门外。在詹姆斯的比喻里,"用相同石材雕出不同雕像"体现了个体对经验对象的主动刻画,"二分之一个宇宙"则保留了对经验对象的选择态度。

回到场所体验上。无论我们历经场所迷失还是场所认知,当过往场所的印象在意识中浮现并和当下场所发生联系时,它不仅和当下场所具有相关联之处,还体现了我们作为体验者的个性。它不仅是我们个人经历过的,而且还经过了我们心灵的筛选,体现了我们的喜好。所以两个人来到同一个陌生的地方,对这个地方外部的大环境,以及旁边比邻的场所的形象,会做出完全不同的推断,即便这个地方本身具有极为鲜明的特征。

---

[1] 威廉·詹姆斯. 心理学原理[M]. 郭宾, 译. 北京:中国社会科学出版社,2009:299.

就算记忆中的场所再为我们所熟知,还会存在这样的可能:我未必亲身来过这里,它得以存留在我的记忆库中,完全是通过媒体传播、传闻或者想象的方式为我所知的。生活于18世纪的康德一生从未离开过平原地带的小城哥尼希堡,尚能通过绘画和文字了解到高山、大海、悬崖等壮丽景观的"崇高的美",更何况在大众传媒无孔不入的今天,每个人都有机会通过绘画、影视、杂志、互联网等途径对自己未曾涉足的地方有或多或少的了解。一个从小就生活在乡村的人可以靠着媒体影像获得对大都市的一般认识,一个从未出过城的人也可能以同样的方式了解田园乡村的景象。这些影像在我们的记忆里,和那些我们亲身体验过的场景一起,共同构筑了我们心灵中那"二分之一个宇宙"。

另一个重要的记忆来源是童年的幻想。由于时间的作用,往事多少会变得模糊,存留在记忆里的未必就是真实的历史,而只是自己想要记住的,甚至是被记忆改装过的往事。比如对普鲁斯特来说,回忆的素材不仅来自童年的经历,还来自于童年的幻想、童年时的阅读或听过的故事,以及对之展开的想象。他借"追忆"故事的主人公马塞尔的名义写道,自己童年时常常整个下午坐在花园里看书,书本呈现了一个和现实完全不同的世界,甚至比现实精彩得多,一个小时里内心的曲折经历,在实际生活中可能要花几年的功夫才能领略一二。阅读带给他丰富的想象,竟使他形成了一种颠倒的认识世界的方式:先通过名字产生想象,再认识实物,如《巴马修道院》中"巴马"的名字让他感到光滑、淡紫和甘美,火车时刻表上的地名让他幻想一个又一个梦幻般的优美场景。① 这种认识世界的方式和场所认知过程何其相似,当我们处在一个陌生环境里,也往往先想象,再认识接下来映入眼帘的场景。

巴什拉也提到过"关于幻想的回忆",认为出生的家宅不只是一

---

① 普鲁斯特.追忆似水年华·第一卷[M].李恒基,徐继曾,译.南京:译林出版社,2012:90,377-380.

个居住的地方,还是"一个幻想的地方",家宅的每个小房间都充满了梦想,我们在其中养成了梦想的习惯,我们曾独处的地方则提供了无尽梦想的背景。① 弗洛依德对此有着更为深刻的认识,他认为艺术作品中的人物心理可追溯到童年情结,在成年后被文艺作品的"白日梦"所替代。达·芬奇曾回忆过自己童年被秃鹫的尾巴插入嘴中,弗洛依德认为这未必就是他的真实经历,而是他在日后的日子里形成并且变换到童年时代里的一个幻想,很可能是他童年时听过的故事,却被当作了自己的直接经验。在弗洛依德看来,童年的记忆并非被固定在经历发生的那个时候,而是在成年后才被引发出来,并在被篡改和杜撰的过程中实现着为此后的趋势服务。② 可见在弗洛依德这里,记忆不仅被筛选,还有被篡改和杜撰的可能。美国实用主义哲学家杜威也认为:审美经验是想象性的,甚至所有有意识的经验都具有某种程度的想象性,想象导致了对过去的重构。③ 回忆之所以总是美好的,就因为它们总是被筛选,总是通过想象被变形。就场所而言,记忆中的场景未必是我们亲临过的,有很多只是在童年时听闻,便在内心通过想象产生出形象,然后就一直作为被杜撰的记忆而长久地深埋在我们心中了。从心理学的定义上来讲,"记忆"和"回忆"有所区别:前者是人所经历过的事物在头脑中遗留的印痕,后者则是将这些印痕重新呈现出来,而这些呈现并非对记忆的忠实浮现。④ 记忆是名词,是既成事实的客观事物留下的印迹;回忆是动词,是人的主观行为。但经过上述分析我们看到:回忆固然有可能具有创造性,而记忆也未必就是客观事实,它不仅会因为时间过久而变模糊甚至被更改,意识本身也会对构成记忆库的素材进行筛选甚至篡改。在回忆进入记忆库进行搜索并加以创造之前,这些内容其实已经是

---

① 巴什拉.空间的诗学[M].张逸婧,译.上海:上海译文出版社,2009:14.
② 弗洛依德.达·芬奇对童年的回忆[M].车文博,译.长春:长春出版社,2010:86.
③ 杜威.艺术即经验[M].高建平,译.北京:商务印书馆,2010:315.
④ 钟丽茜.诗性回忆与现代生存:普鲁斯特小说审美意义研究[M].北京:光明日报出版社,2010:43.

被加工过了的。

  我们的知觉主动地捏合记忆,营造记忆库,一方面出于我们各自的喜好,另一方面也在这个过程中为我们构筑了感知世界和认知世界的方式。当我们遇到不熟悉的对象和区域的时候,就用这个结构来支配不熟悉的对象,把它纳入我们的理解范围内。胡塞尔认为,我们在探究世界的过程中,总会遇到日常意义上不太熟悉的对象和区域,但却很少会有与我们先前的经验不连贯、彻底不熟悉的东西,无论对象多么离奇古怪,都必须至少与支配我们的现实经验的可感知性的基本结构相符合。因为在我们的一切认识活动之前,已经存有了一个作为普遍基础的世界,它来自于现实的经验,却不单纯扮演记忆贮藏库的角色,还具备帮助我们去认识、去构造更多未知世界的能力,是一切单个认识行动和一切判断活动的前提和基础。对于我们来说,已经有知识在世界中以各种方式发挥过作用,所以没有任何经验是绝对朴素的,一般经验也因此可以变成关于特定事物的特殊经验。①

  胡塞尔所说的这个"世界",并非是通常意义上那个客观的、包罗一切事物的世界,而是每个人都拥有的,一切为我存在着的东西所组织而成的世界②,一个为我不断存在着的周围世界,其中的一切都是被预期为我所能认识的。它的意义横向地隐含在每个知觉中,不仅仅是对象的集合,还存在设定和解释的自我能动性,并导致了自我的某种习性。由此它不仅构造出了我们熟悉的周围世界,还为我们获取了不熟悉的对象视域。③ 虽然根据现象学的基本原则,我们观察事物时要摒弃理论的和世俗的先见,但并不是说我们接受外界事物

---

  ① 胡塞尔.经验与判断[M].邓晓芒,张廷国,译.北京:生活·读书·新知三联书店,1999:45-47.
  ② 胡塞尔.经验与判断[M].邓晓芒,张廷国,译.北京:生活·读书·新知三联书店,1999:339.
  ③ 胡塞尔.笛卡尔式的沉思[M].张廷国,译.北京:中国城市出版社,2002:92-93. A.D.史密斯.胡塞尔与《笛卡尔式的沉思》[M].赵玉兰,译.桂林:广西师范大学出版社,2007:133.

的心灵全然就是一张白纸,正是因为有一个决定认识方式的世界事先存在,才令事物在我们意识中的如是显现成为可能。可以看出,这个"世界"的观念是"视域"概念的延伸和扩大,它是我们生活的无限背景,又是为我们提供一切体验的源泉。被视为胡塞尔最佳诠释者的梅洛-庞蒂辩证地描述了"我"和"世界"的关系:按照科学的观点,我是世界的一个因素,但科学的观点同时又暗指了意识的观点,即一个世界首先在我周围展现并为我存在。在我们去认识具体事物之前,关于这个世界已经有了抽象的规定。这个世界具有统一的风格,就像一位作家具有个人风格那样,这种风格可以被模仿,却难以被定义,我们通过对风格的辨认体验到世界的统一性。[①]

二、从视域到世界

在对陌生场所的认知过程中,即便场所本身对我们来说是不熟悉的,也不影响我们以自己熟知的方式去理解它。美国建筑评论家查尔斯·詹克斯指出,人对一座建筑越不熟悉,就越要把它和一座熟悉的建筑作隐喻式的比较。[②] 作为一名深谙符号学的后现代建筑鼓吹者,他是从建筑形体的符号化角度来说这番话的。尽管作为视觉形象的符号就算对回忆能起到作用,也不及建筑细部的材质、色彩及其造成的光影和氛围更为有效,我们还是可以在涉及场所整体形象、氛围的时候借鉴詹克斯的这番话。当我身处陌生环境里,同样会不自觉地拿熟悉的环境来和眼前的场景作比较,让知觉中的外视域把我们引领向熟悉的区域,把陌生的环境和熟悉的场所整合在一起。段义孚认为,空间是开阔而陌生的,场所是安稳而熟悉的,沈克宁根据这个观念指出:

> 人们能否将一个地点和空间转化为场所,关键在于他

[①] 梅洛-庞蒂.知觉现象学[M].姜志辉,译.北京:商务印书馆,2001:3,414.
[②] 詹克斯.后现代建筑语言[M].李大夏,译.北京:中国建筑工业出版社,1986:23.

所具有将更大范围的地点和空间整合进自己所熟悉的场所中的能力。人所面对的场所和空间有两个部分：一是当下知觉所感受到的，这包括视觉和其他各种知觉，另一部分是对同一场所的经验和记忆。对未知空间和场所的概念是通过当下感受到的场所和空间，以及由此引发的对其他场所和空间的记忆与联想，这是对熟悉空间在概念上的扩展和延伸。①

段义孚区分了两类"神化空间"：一是经验知识空间的外框，是根据经验上已知、知识上欠缺的模糊区域，是对直接从经验而来的日常空间在概念上的延伸。人在体验到较小场所的同时，通过非直接的方式了解到了更大的场所，因为人对包括自己社区在内的更大范围的空间区域会有一种似曾相识的模糊认识。二是人的世界观、宇宙观，环境识别和给予意义的尝试。"未被识觉的领域就是每个人不能自省求证的神化空间，然而，这模糊的所知环境却使人对其所知产生信心。"②用胡塞尔的理论来解释，第一种神话观念体现了视域在人认知陌生环境时的价值，第二种则是把视域扩大到了"世界"的层面，由过去的经验构筑起一个范围更为广阔的外在视域，一个能将任何未知的或者一切新进入经验中的事物纳入其中的世界视域。

这里所说的"世界"是随着人对外界事物的认知而同时形成的，是视域的极大扩展。尽管胡塞尔在论述世界和视域的概念时并未局限在空间层面，而是扩展到了一切知识获取的范围，但不妨碍我们出于课题需要，单纯赋予"世界"概念以空间的属性，哪怕这个空间是虚拟的、非现实的。可以设想：每个人在意识深处都拥有这样一个"世界"，它由形态和氛围各不相同的诸多场所组成，既包括客观经验的

---

① 沈克宁.建筑现象学[M].北京:建筑工业出版社,2007:24.
② 段义孚.经验透视中的空间和地方[M].潘桂成,译.台北:"国立编译馆",1998:79-80.

内容,又是一个想象中的存在,无论我们在熟悉的场所感到迷失还是对陌生的场所进行认知的时候,都由这个世界来提供充实视域的素材。属于每个个人的这个"世界"形成后,还会影响他此后对新的外界事物、新体验到的场所的认知。英国学者 A.D.史密斯描述了视域扩展为世界的过程,以及这个世界对更多场所认知所起的引导作用:

> 每个个别知觉都必然具有仅仅作为对世界的某个片段的特定"关照"的意义。每个场景都必然引出另一个场景,另一个场景又引出其他场景,这样在无限的空间中,就能够无限地考察它可能包含的其他对象——它必定能够包含的其他对象……对于根本拥有任何"世界经验"的任何主体来说,这种外视域将不仅仅是空洞的潜在性。因为我们所有人都有熟悉的区域,在其中,我们可以"找到通向四面八方的道路"。空间延展开来,进入到只是超越了这一区域的几乎完全不定的"未知领地"。然而,我们甚至并不总是转向我们的"家庭领地"所拥有的诸多熟悉的对象:它们主要作为我们在任何既定的瞬间所专注考察的那些特定对象的背景而发挥作用。①

伊塞尔认为,每一次文学作品阅读的经历都会使一个人的"保留剧目"得到更新,并赋予他下一次阅读以新的尺度。同样,意识深处的这个世界也并非一成不变,而是随着个人经历的不断丰富而不断扩充,每一次强烈的场所体验,每一次对新场所的认知,都会令这个"世界"的范围得到扩充。虽然被动回忆和场所迷失的情况只是偶然发生,体验的持续时间也转瞬即逝,但积累那些导致体验发生的素材的过程却贯穿了人生有知觉的任何时刻:

---

① A. D. 史密斯. 胡塞尔与《笛卡尔式的沉思》[M]. 赵玉兰,译. 桂林:广西师范大学出版社,2007:87-88.

伴随着每个从自我出发的具有某种新的对象意义的行为,所获得的一种新的、持久的属性。例如,如果我在一个判断行为中第一次对一个存在和一个如此存在作出判定,那么,这个转瞬即逝的行为也就消失了。但从这时起,我却是,并且持久地是一个如此这般地做出判定的自我,"我就成了具有相关信念的我"……只要它是对我有效的,我就能够重复地"返回"到它。①

个人一次瞬间的判断可以影响他今后对相应事物的一切认知,同样,一次转瞬即逝却感受强烈的审美体验也会在事后对人产生长期的影响。无论审美体验还是认知经历,无论其过程多么短暂,只要发生过,就会被纳入我的记忆贮藏库,使之参与内心世界的营造,并在以后随时不经意地浮出意识的表面,为我亲临的场所提供记忆中的参照——或是成为下一次场所迷失的素材和诱因,或是参与下一次的场所认知。马斯洛认为,"高峰体验"的后效就在于把这种体验作为非常重大和合意的事件铭记在心,并寻求它的重现。② 对于和高峰体验异曲同工的场所迷失来说,如果要把这段体验铭记,必须依靠反思性的再回忆,这也是让这段体验日后还有可能重现的前提。定格在记忆里的场所形象是模糊的,场所的氛围以及这氛围造成的体验却是清晰而难以磨灭的,哪怕难以寄寓言语。而一旦在记忆中被定格,就会成为永恒。正如沈克宁所言:

在令人难忘的建筑经验中,时间、空间与物体都融合进一个整体,光线、阴影、肌理、质感和色彩通过人体的全部知觉综合为一个完整的保持在记忆中的独特体验……这种体

---

① 胡塞尔. 笛卡尔式的沉思[M]. 张廷国,译. 北京:中国城市出版社,2002:91-92.
② 马斯洛. 存在心理学探索[M]. 李文,译. 昆明:云南人民出版社,1987:92.

验不再受到时间、空间和地点的限制,成为永恒回忆的记忆经验。这种记忆和经验时常为人们"当下化",从而成为一种超越的体验。在建筑现象学思考中,我们认同这个特定的场所、空间、时间,所有这些特定的性质和内容成为我们独特存在的组成要素。①

虽然胡塞尔认为所有未知都可以被个人的认知结构所容纳,但必须承认,我们还是有面对极度陌生的事物或场所的可能性。试想在大众传媒发展之前,一个生长在乡村的人第一次进城,眼前的景象无论如何是让他难以在过往经验中找到对应物的。即便是一直生活在某个地方的人,也会面对家乡发生翻天覆地变化的情况。本雅明就用了"震惊"(shock)一词来形容法国诗人波德莱尔诗作中所表达的意向,它表现了19世纪巴黎资本主义文化高度发展时,大都市景观给和它遭遇的大众所带来的强烈震撼。② 虽然说在场所迷失的体验中,我们时常把内心熟悉的场景和眼前的场景加以混合,但当眼前的场景突然显现出不同寻常的色彩和氛围的时候,还是首先会感到震惊,然后再产生因这种超现实体验而激发的审美情绪。我们可以把场所体验中的这种"震惊"感分为两类:一种是因为场所的陌生形象带给我们的,随即这个陌生的场所就被我们整合进了自己的理解范围中。比如一个从未到过大城市的人第一次来到上海陆家嘴,很可能在震撼之余却没有可以被拿来比较的场景,但因为此前看过电影《蝙蝠侠》,于是直接把眼前的景象同记忆里的"哥谭市"作类比,使之短暂地产生魔幻般的氛围。另一类型的"震惊"是因为熟悉的场所忽然变得"陌生",由此带来感官上的震撼,成为一种全新的体验。比如一个土生土长的上海人,原本对这座城市的景观熟视无睹,但当他某天偶尔路过外滩眺望浦江对面时,或者经过老黄浦区某个拆迁中

---

① 沈克宁. 建筑现象学[M]. 北京:中国建筑工业出版社,2007:168.
② 本雅明. 巴黎,19世纪的首都[M]. 刘北成,译. 北京:商务印书馆,2013:205.

的阴暗街区时,突然被眼前的景象所触动,仿佛看到了影视剧里未来世界的科幻效果。也许"哥谭市"或"科幻世界"原本只是记忆深处不轻易浮现的景象,但当被现实场景唤醒后,就与之相结合,成为了记忆库里一个重要的收藏品。本雅明认为,如果震惊被直接纳入有意识的记忆库里,那就无法获得诗意体验,而抒情诗却能够把震惊作为一种常态的经验当成自己的基础。① 这番论述充分表明了这样的辩证关系:被动的震惊造成了诗意的体验,诗人则能从记忆库里主动挖掘震惊体验,把它当作创作素材,使之成为常态。

当我们置身于某个场所时,会同时确定一些实际感知外的对象,从屋里的写字台到屋外的阳台,再到花园里玩耍的孩童,直至那被不确定性的空洞雾霭所笼罩着,我再也无法直观的外部世界……而无论这个外视域的场景清晰还是模糊,"都不能穷尽在每个清晰的瞬间被我意识到的'手头的'世界。相反,世界在其存在的固定秩序中伸向无限……我不确定的周围环境是无限的,永不充分的视域必存在于那里。"②外部世界是客观而无限的,对我来说则是虽然无法通过直观来把握,却又能够被意识到的,因为无论场景之外暗含的视域有多么宽阔,也不过是我为自己建构起来的世界的一个组成部分,只有这样它才能够被我所理解。这个世界从我年幼时起就不断在我内心营造着,它既是所有按照我的喜好积累、按照我的喜好营造的场所的集合,又具备去整合其他一切场所的能力。当我被现实场所中的某些元素触动的时候,这个世界里的场景就会适时地浮现,和我眼前的景象融为一体,造成我对现实时空的瞬时迷失;当我来到一个全新场所的时候,意识又会从这个世界中汲取素材,用来充实陌生场所的边缘域和未知的外部环境,帮助我逐步实现对该场所的认知。而当模拟世界里的场景和现实相结合后,又会作为新的构件来进一步充实这个世界里的场所元素。场所迷失体验之所以能成为一种审美体

---

① 本雅明.巴黎,19世纪的首都[M].刘北成,译.北京:商务印书馆,2013:200.
② 胡塞尔.纯粹现象学通论[M].李幼蒸,译.北京:商务印书馆,1997:89-90.

验,就是因为人通过现实场所这个载体,顺着前反思的纯意识之流进入了那个只为我存在的、完美的内心世界,让它成为现实场景的背景,让现实场景融入其中,由此实现对当下场所的超现实性审美。无论段义孚还是卒姆托,他们体验到的场所之美均源于此。

胡塞尔认为,世界的统一性是建立在时间统一性的基础之上的,所以只有以绝对时间为基础的现实世界才是统一的,对所有人都同等有效。而在被想象出来的世界里不仅不具备真正意义上的个体性对象,而且只有模拟的时间,所以我们每一次想象出来的世界都是各自独立的,相互间只具有模拟的统一性。[①] 但就是通过这个"模拟的统一性",每个人都可以构成一个由不同的想象所组成的,在模拟中获得统一的世界。这个世界里充斥着各种不同的场景,每个场景既各自独立,又在看不见的地方相互连接为一个整体,布局广阔又充满细节,并无限延伸。构成这些场所景观的素材来源各不相同,既有个人亲身的经历,又有从媒体等各种渠道获取的知识,还有从年幼时就开始的想象,以及从场所迷失中获取的审美体验。而这些场所的共同特征,就是都取自我们的个人经验,满足我们的个人喜好,打上了我们的个性烙印,或者说具有个人的鲜明风格,哪怕这个风格是难以靠语言来定义的。这个世界平时潜伏在我们的意识深处,在意识清醒时难以通过反思察觉其存在,但它就在不断地默默壮大自身,并在不经意之间浮出意识表面,帮助我们获取审美体验。尽管现象学的原则要求限制经验主义,胡塞尔还是一再强调经验世界的重要性,毕竟它是我们所有活动无所不包的场境,也是和我们的一切想象活动乃至一切事实相关联的。除非完全地有意识地排除一切经验,我们才有可能创立纯粹的想象世界。[②]

[①] 胡塞尔. 经验与判断[M]. 邓晓芒,张廷国,译. 北京:生活・读书・新知三联书店,1999:205.

[②] 胡塞尔. 经验与判断[M]. 邓晓芒,张廷国,译. 北京:生活・读书・新知三联书店,1999:406-407.

三、从认知的世界到审美的世界

倘若我是一个现代都市人,那么我的世界里既可能有钢筋森林的繁华热闹,也可能有林荫道边咖啡馆里的安静悠闲,它们共同构筑了一个整体。当然,其中还可能有野外的自然风光——而这些自然环境,也往往是和星级酒店、舒适而快捷的现代交通工具联系在一起的。就像段义孚所说的:现代人和自然的联系,经常就是坐在豪华宾馆里,隔着落地玻璃窗欣赏外面的海滩景色。① 如果换成海德格尔这样习惯于乡村生活的人,构成他的世界的则会是另一些素材:黑森林中的农庄,通往深山小木屋的林中路,月光下的乡村教堂,或是山岩上面朝海浪的神庙。这些场景既来自他的个人经历,也来自被他反复阅读的诗人里尔克、荷尔德林、特拉克尔的诗作所描绘的意境。作为一个在德国南部黑森林边缘的农村小镇长大的人,海德格尔的一生都没能摆脱和故乡的羁绊,在成为大学教授后还在黑森林的山中建造了一座小木屋,在里面断断续续地思考和写作了 50 年。在这里,他倾听山野的声音、感受四季的变迁,和松林一起抵御冬夜的暴风雪,每年大雪封山时还要靠滑雪上下山。在这里,他感受"天地人神"的共在,体验"诗意地栖居",不仅向外面的世界,也向更多艺术品投去审美的眼光。在《艺术作品的本源》一文中,他用了下面这段话来描绘荷兰画家梵高的一幅作品,一双农妇在干农活时穿的鞋:

> 从鞋具磨损的内部那黑洞洞的敞口中,凝聚着劳动步履的艰辛。这硬梆梆、沉甸甸的破旧农鞋里,聚积着那寒风料峭中迈动在一望无际的永远单调的田垄上的步履的坚韧和滞缓。鞋皮上粘着湿润而肥沃的泥土。暮色降临,这双鞋底在田野小径上踽踽而行。在这鞋具里,回响着大地无

---

① TUAN Y F. Topophilia[M]. New Jersey:Prentice Hall,1974:96.

声的召唤,显示着大地对成熟谷物的宁静馈赠,表征着大地在冬闲的荒芜田野里朦胧的冬眠。这器具浸透着对面包的稳靠性无怨无艾的焦虑,以及那战胜了贫困的无言喜悦,隐含着分娩阵痛时的哆嗦,死亡逼近时的战栗。这器具属于大地,它在农妇的世界里得到保存。①

虽然我们从胡塞尔的"世界"概念出发,找到了日常审美的素材源头,但毕竟他是从认知的角度,而非审美的角度使用这一概念的。面对一个现实中的柠檬,胡塞尔看到了它躺在被不同厨具所包围的厨房桌子上,水龙头在背景里滴着水,还透过厨房的窗户听到玩耍的孩子们在呼叫。他通过被延伸的视域意识到了周围环境,面对的是一个没有穷尽且无法完全主题化的世界视域。② 而面对一双梵高画作中的农鞋,海德格尔看到的是料峭寒风中的田垄,冬闲时荒芜的田野,和在这片土地上辛勤劳作的农妇。可以表达为海德格尔重塑了胡塞尔的视域理论和世界的观念,把它从认知领域引入了审美的领域,世界所围绕的核心不仅是个人,还有由人创作、供人欣赏的艺术品。在学术生涯前期的著作《存在与时间》里,海德格尔就明确地指出,他所说的"世界"并非通常意义上那个作为现实事物总体的世界,所以也不应该像传统科学或哲学所理解的那样,是我们认识的客体和对象。世界是一个此在作为此在"生活在其中"的东西,是属于每个人"自己的"而且最切近"家常的"周围世界。对于每一个此在来说,都是在世界中存在的(In-der-Welt-sein),而且是"依寓世界而存在"的,每一个在世界中存在的此在在世随时都已揭示了一个世界。③ 同样是在这部著作里,海德格尔用了一堆独创的或是被赋予

---

① 海德格尔. 林中路[M]. 孙周兴,译. 上海:上海译文出版社,2013:18-19.
② 扎哈维. 胡塞尔现象学[M]. 李忠伟,译. 上海:上海译文出版社,2007:101-102.
③ 海德格尔. 存在与时间[M]. 陈嘉映,王庆节,译. 北京:生活·读书·新知三联书店,1999:62-76,128.

了独特含义的词汇来形容人的在世,他将"操劳"视为作为此在的人在世的基本状态,人在操劳活动中与作为存在者的用具相互"照面",而用具的称手和可用状态被揭示为"上手"。① 在这里,世界不只是存放人与用具的容器,用具也不只是供人使用的对象,世界和器具都具有动态的意义,与人互动,又与人相互依存。到了学术生涯后期的代表作《艺术作品的本源》,海德格尔又在较短的篇幅里反复表达了这样的观点:"作品存在就是建立一个世界","作品之为作品建立一个世界","作品包含着一个世界的建立"。作品不仅开启出一个世界,还要在运作中永远守持着这个世界。同时,这个世界并不是对象化地立于我们面前的,它不是现成事物的聚合,或加上我们对现成事物总和表象的想象框架,而是"世界化"的世界。② 在这里,"世界"又被赋予了审美内涵。

海德格尔盛赞梵高的《农鞋》。如果说这幅作品的价值在于敞开了一个无尽而充满诗意的世界,那么这是一个什么样的世界?一个属于作者的世界,一个属于作品本身的世界,还是一个属于观众的世界?海德格尔说:这是一个属于农妇的世界。在这个世界里,农鞋不仅具备有用性的价值,还为农妇的生存提供了可靠性,而正是画作使农妇、农鞋与世界成为了因缘整体。但"农妇"作为农鞋的主人,只是一个虚构出来的人物,她通过画中的物品所预示,而并未在画中出现。海德格尔又说:"当我们走近这幅作品,就会突然进入另一个天地,一个完全不同于我们惯常存在的天地。"③看来,这又是一个属于观众的世界。按照法国文学评论家罗兰·巴特"作者已死"的观念,艺术品一旦完成即获得了独立的地位,它不再属于作者,而是属于所有观众,每个人都可以对同一件作品作出不同的解读。所以,与其说

---

① 海德格尔.存在与时间[M].陈嘉映,王庆节,译.北京:生活·读书·新知三联书店,1999:70-81.
② 海德格尔.林中路[M].孙周兴,译.上海:上海译文出版社,2013:30-31.
③ 海德格尔.林中路[M].孙周兴,译.上海:上海译文出版社,2013:20.

这是属于农妇的,供农妇生存的世界,不如说是由画作唤起的,属于海德格尔的世界,或者说,是由海德格尔借助画作所看到的审美的世界。在这个世界,生存和审美达成了统一,它不仅重塑了人与器具的关系,自身还成为了供人欣赏的场所,哪怕这场所是虚拟的,因人而异的。由一件作品所打开的世界未必是唯一的,海德格尔所解读的并非是《农鞋》永远的世界,每一个人,无论是作者还是观众,都可以通过作品打开属于自己的世界,超越现实的、审美的世界。审美的世界是常变常新的,并不存在一个唯一的、永不变化的世界。

  法国现象学美学家杜夫海纳继承了海德格尔关于艺术的"世界"观念,并对之作了更充实的解释:这个世界是事物和精神状态的希望,既不能用有关事物的用语,也不能用有关精神状态的用语去定义,我们只能把它命名为"莫扎特的世界"或"塞尚的世界"。当人在获得审美经验的那一瞬间,完成了现象学的还原,对世界的信仰被搁置了起来,任何实践的或智力的兴趣也都随之停止。对主体而言,唯一存在的世界不再是围绕对象的或在形象后面的世界,而是"属于审美对象的世界"[①]。早在作品完成之际,它就脱离作者,获得了自身的意义,成为自身的世界。而在作品被欣赏的时刻,它与观众之间也不再是对立的主客关系,而是物我相融,共为一体的。"梵高画的椅子并不向我叙述椅子的故事,而是把梵高的世界交付予我"[②]。通过作品打开的世界既属于创作它的作者,属于作品本身,属于作品中的角色,也属于欣赏作品的观众。这个世界无边无际,"情感立即便能接近而思考却永远探索不完"[③]。

  如果觉得海德格尔和杜夫海纳的现象学学说过于深奥玄虚的话,不妨再来看看实用主义大家杜威的这一番话,用更为浅显的语言

[①] 杜夫海纳.美学与哲学[M].孙菲,译.北京:中国社会科学出版社,1985:20、53-54.

[②] 杜夫海纳.审美经验现象学[M].韩树站,译.北京:文化艺术出版社,1996:26、178.

[③] 杜夫海纳.美学与哲学[M].孙菲,译.北京:中国社会科学出版社,1985:164.

表达了相同的思想:

> 一件艺术品引发并强调这作为一个整体,又从属于一个更大的、包罗万象的,作为我们生活于其中的宇宙整体的性质。我想,这一事实可以解释我们在面对一个被带着审美的强烈性而经验到的对象时所具有的精妙的清晰透明感。我们仿佛是被领进了一个现实世界以外的世界,这个世界不过是我们以日常经验生活于其中的现实世界的更深的现实……我们是自身之外的这个广大世界的公民,任何对这世界的呈现在我们面前和我们心中的深刻领会,都带来一种特殊的它自身以及它与我们统一的满足感。①

四、世界与家园

无论在文学界还是哲学界,建筑界还是人文地理界,都可以找到大量关于回忆和家园的描写。可以表述为,正是内心深处的这个"世界"构成了我们对于"家园"的所有记忆和想象。海德格尔曾一再论及"返乡",认为"家园"意指这样一个空间,赋予人一个处所,人只有身处其中才能有"在家"的感觉,才能在命运的本己要素中存在。②其实,他更多的是在引申的意义上谈论"返乡",认为返乡意味着返回到本源旁边,而现代人过于追求知识,以至于遗忘了语言和思想的本源,导致了一种无家可归的状态,一种存在被遗忘的状态。③海德格尔扩展了返乡的概念,要求现代人从知识返回思想和语言,摆脱精神上的流离失所,而追溯这形而上的理论源头,则来自荷尔德林的诗作《返乡——致亲人》。诗人为18世纪末的浪漫主义诗学注入了独特

---

① 杜威.艺术即经验[M].高建平,译.北京:商务印书馆,2010:225-226.
② 海德格尔.荷尔德林诗的阐释[M].孙周兴,译.北京:商务印书馆,2000:15、24.
③ 海德格尔.路标[M].孙周兴,译.北京:商务印书馆,2011:398.

的"返乡"情结,将对地理意义上的故乡的赞美转变为对精神意义上的国家和民族的歌颂。在海德格尔眼中,荷尔德林重新恢复了诗意生存的本来面目,这靠的固然是他笔下的语言,但难道就不是诗作中所呈现的家园及由此打开的世界,那个包容了海德格尔内心故乡的意向,期待着海德格尔返回的世界?

海德格尔认为,人是以"常人"的姿态被"抛入"这个世界的,所以总是沉沦于和他人的日常交往中,在庸庸碌碌中陷入和其他常人一样的平均状态,而忘了自我的本真存在。人只有倾听良知的呼唤,才能在"筹划"中领会自己,发挥自己"能在"的潜能,从而摆脱常人的隐晦状态,成为其所是。[1] 耶鲁学者卡斯腾·哈里斯认为海德格尔把四处漂泊、无家可归看作人类的基本生存状态,人生来并且在人生的绝大部分时间里是沉湎于这个自己被抛入其中的世界的。理智从远处传来无声的呼唤,要我们超越现实回归自我,却不告诉我们应当具体归往何处。于是海德格尔将人定义为生活在天地人神和谐统一中的定居生物,并像巴什拉所说的那样,在心中包括留了一份梦中家宅——黑森林中的农庄就是海德格尔梦中永恒的家园。[2]

巴什拉在《空间的诗学》里反复刻画了"家宅"的意向和梦中的回忆,梦境般回忆中的家园是最幸福、最美丽的地方。在他的笔下,家宅就是庇护所,拥有梦想的价值,家宅不只在当前有用,因为真正的幸福都拥有过去,过去通过幻想回到当前。将梦想深入下去,直到一个无法记起的领域被打开,那里比最久远的记忆更遥远,那就是梦中家的方向。即便在新的家里,现实的形象也会和回忆、幻想相互结合、相互渗透,久远回忆中家的形象在现实的家中浮现,让我们回到童年,并获得安慰。在这里,回忆中的家宅意向被放进了记忆最深

---

[1] 海德格尔.存在与时间[M].陈嘉映,王庆节,译.北京:生活·读书·新知三联书店,1999:131-169.

[2] 卡斯腾·哈里斯.建筑的伦理功能[M].申嘉,陈朝晖,译.北京:华夏出版社,2001:196.

处,那里是最不易被察觉,却又能获得永久保存的地方。又因为过于久远,埋藏得过于深,对家宅的记忆总是伴随着梦幻和想象,隐私的回忆也无法做到真实客观。忠实体现梦境的回忆无法具体描述,我只有把自己放进梦中,在往昔的时光里休息,倾听记忆最深处乃至极限处的声音。① 巴什拉所描绘的那个遥远的、超出一切记忆的"家宅",毋宁说就是包容了家宅自身的"世界",一个自我构造的世界。家宅存在于梦中,"我们终生都在梦想中回到"的那些地方或许原本就是不存在的,是理想中的地方,又抑或是由梦境美化过的,理想中的家园。在巴什拉的笔下,永远不动的回忆就好像是无法忆起的,是在某封闭之处受到保护的回忆,而正是由于有了家宅,我们的很多回忆才得以安顿下来。当旧日居所的回忆被重新体验,它就成了无法忘却的梦想,我们曾体验过的梦想场所在新的梦想里自我重组。②正是来自这个世界的保护,将久远的记忆安顿、珍藏,和梦境融为一体,又让这些梦一般的记忆在适当的时候悄然重现,渗透进现实,并通过每一次的重现得以更新。

通过诗意的描写,巴什拉揭示了回忆、想象和现实意识之间相互渗透的现象,尤其是印象里的家宅和感知中的现实场所,是和时间、空间一起连贯交织的。他提出了"场所分析"一说,认为空间而不是时间,才是记忆的保存之处。通过安稳的存在处所——空间中的一系列定格,我们保留了自己的过去,认识了自己的存在,让我们在回忆中梦想。时间不再激活记忆,回忆是静止不动的,并因为被空间化而变得更加坚固。只是凭借空间,我们才找到了长时间凝结下来的延绵所形成的美丽化石。对我们来说,比确定内心日期更重要的是确定我们内心空间的位置。③ 显然,在巴什拉眼里,空间对记忆的价值远比时间更为重要,因为在漫长的记忆长河里,时间早已被压缩,

---

① 巴什拉.空间的诗学[M].张逸婧,译.上海:上海译文出版社,2009:3-4、12.
② 巴什拉.空间的诗学[M].张逸婧,译.上海:上海译文出版社,2009:5(导言)、3、7.
③ 巴什拉.空间的诗学[M].张逸婧,译.上海:上海译文出版社,2009:7.

找不到确切的坐标,所有的回忆都以静止的空间化的状态储存在其中。在我们内心世界里,时间就是凝固的,既不属于过去也不属于现在,空间替代时间定格了一切往昔,所有往事都分布在世界中不同的场所里和不同的空间坐标上,还会随时浮现出来和现实相对接。

"恋乡感"一词所描述的是人们所恋的那个"乡",说的也是内心深处的这个理想世界。我们对场所的喜好,通常都是从童年开始的,一如我们对食物口味的喜好。正是在这一时期,构成自我世界的场所有最初的素材,同时为这个世界里以后的场所营建打下了最初的风格基调。也正因为这个奠基阶段过于久远,场景早已变得模糊,以至于当它偶尔浮出意识时,往往已经被篡改和加工,和想象联系在了一起,同时和记忆深处的家园相融合。日本建筑师芦原义信在诠释环境设计理论时引用了作家奥野健男的观点:作家在进行文学创作,为作品创建环境背景时,内心中总是有一个"原风景"作为摹本的。奥野健男认为:

> 文学母体的"原风景",我想是在该作家幼年期和青春期形成的。从出生到七八岁,根据父母的家、游戏场以及亲友们的环境,在无意当中形成,并固定在深层意识中。多年以后带着不可思议的留恋心情回想起时,小时候不理解的那些风景或形象的意义会逐渐得到理解。换句话说,它就像是灵魂的故乡,是相当于人类历史的神话时代的"原风景"。①

原风景的形象摹本并不完全来自现实,和记忆中的家园一样,里面同样有着太多筛选、篡改和幻想的成分。原风景也未必就是一成不变的,有可能随着年龄的增长而不断更新。它最初形成时完全出

---

① 芦原义信. 街道的美学[M]. 尹培桐,译. 天津:百花文艺处社,2007:108.

于无心,年幼的自己也不会对之在意,而多年后当它作为自我世界的组成部分与处于某种回忆状态中的我重遇时,我才能理解这最初的原风景的价值和美感。还有一种情况:我从小到大其实并未离开故乡生活过,但现实生活中的操劳早已泯灭了纯真的童心,"家"也已沦为一个在工作之余提供休息场所的地理概念。只有在某些非物质条件的激发下,才能发现周遭被日常生活所掩盖的美,真正领会"家"的精神属性,让物质层面的"家"重新变回充满温暖和梦想的心灵"家园"。

在建筑界,也有人把创作和记忆中的景象联系在一起。卒姆托认为自己的设计作品受到许多不同地方的影响,这些场所未必是自己亲身去过的,而是有很多的来源:

> 当我要设计一座建筑,从而专注于某个特定基址或场所时;当我努力探求其深入情况,其形式、其历史、其感官品质时,其他场所的影像就开始侵入这一精确观察的过程中——我所知道的、还有曾经打动我的场所影像,我所记得的那些或普通或特殊的场所影像,它们以其特别的氛围和品质而被内心洞察;建筑情境的影像,它们从整个艺术世界里散发出来,从电影世界,从戏剧世界,也从文学世界。①

但是,这还不足以产生一个全新的作品,因为每一个设计都需要新的影像,旧的影像只能帮助我们去发现新的。这些不请自来的场所影像乍看起来不甚相宜,和现实基地格格不入,所以他需要将不同场所的要素相互比较,将自己沉浸在基地的场所中,想象自己生活在其中,同时还要超出该场所地段,将作品放在其他场所中加以审视。

当人们偶然遇到某座建筑,它发展出一种跟它所处场所的特殊

---

① 卒姆托. 思考建筑[M]. 张宇,译. 北京:中国建筑工业出版社,2007:41.

关联,这时人们或许认为,它充满了一种内在张力,这涉及某些凌驾和超越场所本身的东西。它看上去是所处场所本质的一部分,与此同时又表达了整个世界。"①

可以理解为建筑师设计的过程,就是他和自己的内心世界相会,从中汲取设计灵感的过程。设计的结果就是将这个构成来源丰富的世界中的部分场景在现实世界里实现。卒姆托认为这样设计出来的建筑才能属于特定场所的本质,拥有立足于该地点的特殊引力,同时成为宏观世界的一部分。

第二节　世界的时间性

一、未来与四维时间观

胡塞尔认为,每个回忆都含有前摄性的期待意向,这种意向是在主动回忆和被动回忆中都具备的,所以无论我们做何种回忆的时候,回忆都具有双重意向性:既指向被回忆到的那个过去的时间位置,同时又从那个时间点开始向未来延续。② 虽然胡塞尔在提出时间域概念时是把"现在"作为考察出发点的,但关于回忆中的前摄意向充分表明,在对不同体验的相互渗透和时间意识的认识上,他已经比之前的狄尔泰、詹姆斯、柏格森更迈进了一步,令西方传统"在场形而上学"的时间观念有了松动的迹象,他的这个观念还极大地影响了海德格尔。

---

　① 卒姆托. 思考建筑[M]. 张宇,译. 北京:中国建筑工业出版社,2007:41-42. ZUMTHOR P. Thinking Architecture [M]. Basel, Boston, Berlin: Birkhäuser — Publishers for Architecture,1999:38. 这里对原译文有所改动,"表达了整个世界"原文为"speaks of the world as a whole",原译文译作"诉说世事",显然无法表达原作中的现象学意味。
　② 胡塞尔. 内时间意识现象学[M]. 倪梁康,译. 北京:商务印书馆,2009:97.

在学术生涯的早期,海德格尔就不把现在看作时间的显现点,而是把"将来"视为现象学的呈现可能,揭示了此在"在世"的根本时间性。在《存在与时间》中,他认为此在是在世界中的存在,也是"可能性中的存在"(Sein-in-Möglichkeit),本真的存在是一种"能在"(Seinkönnen),即自我筹划(Sich-Entwerfen)。能在自身又蕴含了"先行"(Vorlaufen),即"最本己的可能性的先行着的决心"。从前摄出发,此在向未来打开了无限"筹划"的"能在"可能性,先行的时间性奠定了时间意义的场域,作为决心的能在始终把自身指向先行,从而在生存的可能性中见证自身。只要此在存在着,它就筹划着,从可能性来领会自身。① 先行不是时间的先后,而是存在方式,把过去、现在和未来统一于自身的"尚未",让此在向着未来敞开,具备开放的可能性,不断延伸展开,超越现实常态。② 相比之下,胡塞尔的前摄概念与原印象遥相呼应,尚未跳出原初时间的晕圈,表达的还是一种纯粹的主观体验;海德格尔关注的则是生存论意义上此在的在世存在,他的时间观以将来为主轴,认为将来才能契合此在的本真存在。③

> 我们把如此这般作为曾在着的有所当前化的将来而统一起来的现象称作时间性。只有当此在被规定为时间性,它才为它本身使先行决心的已经标明的本真的能整体存在成为可能。④

早期的海德格尔继承和发扬胡塞尔的时间观念,从"前摄"中发展出对"将来"状态的认识,后期的海德格尔又从胡塞尔的"在回忆中

---

① 海德格尔.林中路[M].孙周兴,译.上海:上海译文出版社,2013:169、345.
② 王昌树.海德格尔生存论美学[M].上海:学林出版社,2008:56、74.
③ 罗松涛.面向时间本身:胡塞尔《内时间意识现象学》研究[M].北京:中国社会科学出版社,2008:226-227.
④ 海德格尔.存在与时间[M].陈嘉映,王庆节,译.北京:生活·读书·新知三联书店,1999:372.

的前摄意向"出发,提出了"四维时间"的观念。按照康德的时间观,时间是呈线性流淌的,只有一个维度,我们通过计时器确定了当下的时间点,也通过现在确定了已经消失的过去和还未到来的将来。在这一维时间观下,在场就意味着当前,过去和未来则是不在场的。海德格尔则认为,在场就意味着"关涉人、通达人、达到人的永恒的栖留",所以不在场也可以在"曾在"和"尚未当前"的意义上与我们相关涉,在"将—来"(Zu-Kunft)中,在"走向我们"中,让在场被达到。曾在和将来二者的关系不仅达到同时也产生了当前,这三者之间的关系是"相互达到",构成了它们本己的统一性。过去、现在、未来这三维时间相互嬉戏,相互传递,相互接近,而成为第四维时间。三个时间态不再是干瘪的计时器,仅仅呈序列上的先后关系分布,而是"同时"的,构成了一个相互穿插的游戏整体,这才是本真的时间。① 这样一种时间观,既超越了胡塞尔以当下为核心的各种体验相互渗透的认识,或是通过回忆和期待将过去和未来"当下化"的理解,又超越了海德格尔本人早期在生存论层面看待在世的未来性的视野,而把时间看成了超越感知主体的自为存在。同时,在海德格尔眼里,艺术作品也可以被看作一个脱离创作主体的准自为存在,能够自行开启一个世界——于是,时间和艺术品这两个不需要主体的自为存在可以相互契合。在被艺术作品所开启的世界里,自为的时间观念获得了完美的诠释。

二、对未来的筹划与开抛

我们已经看到,尽管空间性是场所的基本属性,但时间意识却对场所认知具有奠基意义。而当具有审美性质的场所迷失体验发生时,也有两方面的时间特征值得关注。一方面,场所迷失是由对场所的被动回忆引起的,而引起的体验效果却发生在当下。迷失的场所

---

① 海德格尔.面向思的事情[M].陈小文,孙周兴,译.北京:商务印书馆,1996:12-16.

是现实场所和过往场所的混合,其外视域则是长期贮藏在我们内心世界的。那么,在这个迷失的场所里,时间的指针指向什么位置? 是记忆中过去的那个时刻,是当下发生迷失体验的时刻,还是我内心世界中的某一时刻? 如果用海德格尔的"四维时间"观来看待的话,在这审美体验发生的时刻,时间已无过去、现在、未来之分,而达成了一种任何时刻均是当下,也均是永恒的状态。海德格尔分析过瑞士作家迈耶的诗作《罗马喷泉》,该诗描绘了一座有三层大理石圆盘,水流层层跌落的喷泉:"每一层吞吐同时进行,有流动也有静止"。海德格尔借此指出,真理就是一种无时间和超时间的东西,正是这种无时间性的真理成就了作品的艺术性。① 就像巴什拉所描述的,记忆中的时间状态已经凝固为空间化的美丽化石,属于我的虚拟世界中各个场所的时间也都是虚拟而不确定,并且通达古今。在短暂的场所迷失过程中,我们经历的就是一种超越时空、超凡脱俗、无限而永恒的体验。

另一方面,比时间指针的指向更有意义的,是指针的走向。正如胡塞尔指出的,在回忆中本身就有指向未来的意向,而在对场所的体验中,回忆和期待又总是交织在一起,故而在由被动回忆所引发的场所迷失的短暂瞬间,虽然刹那和永恒已难以区分,时间指针还是有着一个朝向未来的走向。段义孚在分析对"家"的情感时就指出,"家"既象征了过去又召唤着未来,既提供过去的熟悉意向,又作为生活的中心预示了更理想的未来,含有起源和开始的意味。毋宁说,这里的"家"本身就是一个意向:在温馨和安定的居家氛围中,美好的未来正在开启。② 在场所迷失体验中,纵然记忆库里的某个场景被意识唤醒,试图将意识的指针拉回到过去的某个时刻,在这怅然若失又意乱情迷的时候,我们内心深处的时间意识仍然顽强地让指针走向了未来。在这超越当下的理想场景里,一切都处于"尚未"的状态,不具备

---

① 海德格尔. 林中路[M]. 孙周兴译. 上海:上海译文出版社,2013:23.
② 段义孚. 经验透视中的空间和地方[M]. 潘桂成,译. 台北:"国立编译馆",1998:120.

情节性的未来是不确定的,因而也是理想化的,足以让我们展开无尽的畅想,去获得任何想象中的,甚至是无法想象到的美好人生。在这迷失的瞬间,我们具有对未来无限规划的能力,在理想之境中获得极度开放的审美体验。最重要的是,在这样的时刻,我们就如同处在高峰体验中,仿佛可以完全地把握自己,把握人生,此在被先行地置入在世,个人可以超越一切现实烦琐,抛开所有尘世羁绊,把握自己在世的能在。在弗洛依德对"白日梦"的描述里,沉浸于梦想中的孤儿不断编织着未来生活的画面:被老板赏识,娶他的女儿,继承家产等①。在梦中,一切情节都是具体的,而当我们迷失于由场所开启的"世界"里,一切情节都是开放的,也是具有无限可能性的。也许就在我看到梵高笔下的农鞋的瞬间,我能依稀体会到农妇和大地之间有某种难以割舍的关系和情感,但要具体说出其中发生的情节,却要在清醒地反思之后,才能勾勒出一些概念性的画面。

在《存在与时间》里,海德格尔将本真的存在状态描述为自我筹划,而在后期著作《哲学论稿》里,他玩了一把文字游戏,将"Entwurf"(筹划)拆成了"Ent-wurf"(开启—抛投,中文翻译为"开抛"),对人生的自我规划、计算变成了向着澄明之境的开启和抛投。这是存有之真理的开抛,抛投者本身即是被抛者,自行抛入了无蔽的敞开状态,成为此在之存在——此在便意味着经受自行遮蔽之敞开状态。② 作为常人,我们是被"抛入"这个世界的沉沦者,而作为此在,我们又将自己"开抛"进了敞开状态。

在生存层面,人只有倾听发自内心的命运的呼唤,摆脱常人世俗的价值观,摆脱他人对自己的世俗判断,勇于筹划自己,充分发挥自己的能在,才能作为此在真正地实现自我价值,这才是人由沉沦的常态向无蔽的敞开状态的开抛和跃入。在审美层面,由晦蔽之所向澄

---

① 弗洛依德.论创造力与无意识[M].孙恺祥,译.北京:中国展望出版社,1987:45-46.
② 海德格尔.哲学论稿[M].孙周兴,译.北京:商务印书馆,2012:321.

明之境作自我抛投或纵身一跃的那一瞬,就成为了自我决断发生的时机,沉沦与无蔽之间的临界。这决断的瞬间,伴随着一种"回忆着的期待":回忆一种被掩蔽的归属状态,期待一种存有的呼唤。被期待的是一种空虚,这空虚并非绝对的虚无,而体现了尚未决断并有待决断者的全部丰富性,指示着存在之真理。在现实场景中迷失的瞬间是审美体验发生的瞬间,也是由沉沦向无蔽打开的瞬间,时间—空间作为时间化和空间化的原始统一性,本身就是瞬间时机的场所,也就是遮蔽之敞开状态——亦即"此"——的时间—空间性。① 空虚表明了未来的不确定,丰富则诠释了它的无限可能,展示了决断的那一瞬间的价值。现实中的我们是沉沦的,被遮蔽的,唯有意乱神迷的审美状态才是无蔽的澄明之所。个体在瞬间的迷失中走进澄明,进入了存在者本身被解蔽的状态,在敞开的世界中"绽出地生存"②——在这里,海德格尔又玩了一次文字游戏,把德文的 Existenz(生存)一词改写作 Ek-sistenz,表明人之存在方式是进入存在之真理中的"绽出",中文译为"绽出之生存"。

另一位现象学大师梅洛-庞蒂这样描述"我的世界"中的时间性:

> 同样,我不想象之后到来的黄昏和之后的夜晚,不过,黄昏"在那里",就像我看到其正面的一所房屋的背面,就像图形下的背景。我们的将来不仅仅由猜想和幻想构成。在我看到的和感知的东西之前,可能没有可见的东西,但是,我的世界通过意向之线继续着,意向之线至少能预先描绘即将到来的东西样式(虽然我们始终期待着看到其他东西出现,直至死亡)。③

---

① 海德格尔.哲学论稿[M].孙周兴,译.北京:商务印书馆,2012:408-411.
② 海德格尔.路标[M].孙周兴,译.北京:商务印书馆,2011:379-380.
③ 梅洛-庞蒂.知觉现象学[M].姜志辉,译.北京:商务印书馆,2001:521.

不妨再来看看杜威对经验的一番认识,与上面那番话颇有相似之处:

> 每一个明确而处于焦点中的对象周围,都存在着一种向隐晦的、不能被理智所把握的状态隐退的倾向,我们在反思中将之称为暗淡与模糊。但是,在原初的经验中,它并不被认为是模糊。它是整体情况,而不是其中一个成分的功能……在明暗交替之时,黄昏的风景具有整个世界中最令人兴奋的性质。一个经验的不确定的、无所不在的性质在于它将所有的成分,将我们集中注意的对象结合在一道,使它们成为一个整体……对一个广泛而潜在的整体的感觉是每一个经验的背景,这是理智的本质……没有一个模糊而未确定的背景,任何经验的材料都是支离破碎的。[①]

信奉经验主义的杜威看似和现象学无缘,他的这番论述却和现象学的视域观念异曲同工。两段文字都描述了黄昏时分的风景,既有可见的部分,又有未知的部分。不同的是:杜威看到的"景外之景"是空间上的,是视觉焦点之外模糊的、未知的场所;梅洛-庞蒂看到的"象外之象"则是时间上的,是黄昏之后可能发生的更多情节。在这里,他将时间上空乏的期待和空间上不可见的视域做了类比——既然空间上看不见的房屋背面可以和看得见的正面一起在意识里共现,那么对于在时间上尚未到来的东西,我们同样能够做意向性的描绘。既然"时间域"可以看作"视域"概念在时间中的体现,滞留和前摄连同当下一起构筑起时间的晕圈,既然我们能把空间意义上的视域扩展到"世界"的规模,那么,时间意义上的视域是否也能够被类似地扩展?空乏的前摄是否也能扩展成一些虽然不确定也无法定义,

---

① 杜威. 艺术即经验[M]. 高建平,译. 北京:商务印书馆,2010:225.

却又可以被意向性地描绘的情节？当场所的被动回忆和迷失降临时，我们仿佛在理想之境对未来展开了无限的期待，是否也暗示了由各种理想事件所编织的情节即将上演？可以设想：我们为自己营造的世界既是空间性的，又是时间性的。无论是我们亲身经历过的，还是通过文学或影视作品获悉的，又或者是想象中的，一切美好的经历和事件构成了一个充满了个人风格的"世界"，它们处在我们的意向之线上，就像虚拟中的各种理想场所那样为我们构成世界。无论身处一幅画面前，沉浸在音乐里，还是处于对场所的迷失中，只要我们全身心地处于审美的绝对体验时刻，这个世界中的理想情节就将在我们对未来的畅想中打开。理想中的世界不仅是空间性的，还是时间性的，其中不仅充斥了各种理想中的场景，还铺满了各种理想中的情节。又因为其中的空间和时间都是虚拟的，所以场景都是模糊的，情节都是不定的，又是具有一切可能，可以满足我们一切喜好。只要一件作品是作品，它就为世界化的广袤设置了空间。[1]

以海德格尔大力推崇的两件艺术作品——梵高的画作《农鞋》和特拉克尔的诗作《冬夜》为例：在《农鞋》的画面之外，是田野和田野边农妇居住的木屋的场所，是农妇在黄昏下带着滞重而健康的疲惫脱下鞋，在晨曦中将手伸向鞋，在节日里把鞋弃于一旁的情节；在《冬夜》的语言之外，是屋子外市镇的风貌和屋子里餐厅的陈设，是温馨的晚宴和晚宴后温暖的睡眠——在这些情节之外，是更多想象和语言都无法——穷尽的理想画面。

---

[1] 海德格尔. 林中路[M]. 孙周兴, 译. 上海：上海译文出版社, 2013：31.

冬夜①

特拉克尔

雪花在窗外轻轻拂扬,
晚祷的钟声悠悠鸣响,
屋子已准备完好
餐桌上为众人摆下了盛筵。

只有少量漫游者,
从幽暗路径走向大门。
金光闪烁的恩惠之树
吮吸着大地中的寒露。

漫游者静静地跨进;
痛苦已把门槛化成石头。
在清澄光华的照映中
是桌上的面包和美酒。

海德格尔以特拉克尔的《冬夜》为例来说明"语言之说"的思想,认为:在诗之说中,诗意想象力道出自身,这一观念和他的另一个著名观点"真理自行置入艺术作品中"一脉相承。诺伯格-舒尔茨指出:冬夜不只是日历上的一个日子,而是具有特殊的属性与气氛,是塑造行为或事件的一个背景。② 冬夜景象的背景和此背景下发生的情节共同构筑了一个世界,而其中的具体情节和细节却又是开放的,因人而异的。需要注意的是,并不是先有了场所的"世界",而后再有了发

---

① 海德格尔. 在通向语言的途中[M]. 孙周兴,译. 北京:商务印书馆,1997:6.
② 诺伯舒茨. 场所精神:迈向建筑现象学[M]. 施植明,译. 武汉:华中科技大学出版社,2010:8.

生于其中的情节。按照海德格尔的观念,无论四维时间的穿插,还是四重整体的统一,都是"环化"的映射游戏。① 审美世界是由空间性的场所和时间性的情节同时构成的,时间和地点、人物和情节在这个世界里相互依偎,共同呈现。而且,世界里的情节也没有先来后到的发生次序,即将敞开的不是将要发生的重大事件,而是其中的生活常态。在这个由理想化的场景和理想化的情节共同构成的世界里,亦充斥着理想化的生活氛围,现实中的酸甜苦辣已纷纷褪色,都市生活繁华而不喧嚣,刺激而不紧张,农村生活则充满田园野趣。就如海德格尔笔下的农妇的生活,虽然不乏辛劳和贫困,却又被描述得充满了诗情画意,仿佛一切外在的困苦都被过滤掉了。

在本书中,我们既通过现成的哲学理论来解释建筑现象,又试图用与建筑相关的例子为哲学理论提供佐证,力求在现象学和建筑之间达成互释。胡塞尔和海德格尔对"世界"的概念各有不同的解释,而将这些概念汇总并深化,就形成了我们在建筑现象学层面所谈论的"世界",它发端于胡塞尔的"视域",是视域概念的无限扩展。只不过,胡塞尔将视域的概念从空间意识的层面引申到知识获取的层面,继而把它扩展为世界,使之成为人获取一切外界知识的先天结构;而我们则把世界的概念限定在场所认知的领域,由它来奠定人认知陌生场所的基础。同时,这个世界又是柏格森的"记忆库"以及詹姆斯的"二分之一个宇宙"的扩展,记录了个人的经验,又充斥了个人的喜好。

海德格尔继承并发展了胡塞尔的世界观念,并把它从认知领域引入了审美的领域,由被认知的世界打开了一扇通往审美世界的大门,拥有世界的不仅是人,还包括艺术品。这个世界具有虚拟的空间性和时间性,由理想中的美好场景和情节所构成,虽然是未定的,却又是敞开的,具备一切无限美好的可能。它不仅可以帮助对未知场

---

① 海德格尔.演讲与论文集[M].孙周兴,译.北京:生活·读书·新知三联书店,2005:189.

所的探索，还可以帮助对已知世界的审美化观察，无论在我们认知陌生环境，还是历经场所迷失的审美体验时，个人的绝对体验之流恰好将外部的客观世界悬置，并和这个为个人潜伏的理想世界相交汇。从胡塞尔"前摄"的概念出发，海德格尔提出了时间游戏和四维时间观，并把"将来"视为此在在世的根本时间性，由此引出了"筹划"的生存态度，预示了本己的本真可能。正是在审美状态中，当理想的世界向我敞开之际，便是我超越沉沦的现实，自行抛投入澄明之时。在这敞开的审美世界中，我们可以无蔽而绽出地生存。

第四章
场所审美的超越意义

第一节 场所作为艺术作品

一、真理与作品

在海德格尔看来,艺术作品的价值在于可以开启世界。除此之外,它的价值还在于被置入了真理,艺术就是真理的生成和发生。① 对于"真理"的定义,海德格尔有着独特的见解。早在《存在与时间》里,他就借助亚里士多德的论述,开创了一种与传统认识不同的"真理观",认为真理并不意味着与现实相符,而意味着揭示和无蔽:"把存在者从晦蔽状态中取出来而让人在其无蔽(揭示状态)中来看"。② 在《艺术作品的本源》中,他又列举了真理发生的几种方式,包括:艺术、建国、牺牲、思想等,在他看来,只有这些方法才能使人摆脱被晦蔽的常态,而成为进入无蔽状态的"此在"。在现存和惯常的事物那

---
① 海德格尔.林中路[M].孙周兴,译.上海:上海译文出版社,2013:59.
② 海德格尔.存在与时间[M].陈嘉映,王庆节,译.北京:生活·读书·新知三联书店,1999:252.

里是看不到真理的,而艺术可以在存在者中打开一方敞开之地,使存在者在敞开性的筹划中达到澄明。① 梵高的《农鞋》之所以能成为一件作品,并不在于其对现实描摹的惟妙惟肖,而在于真理的置入。

艺术品中存在真理——海德格尔说,这真理是"自行设置入作品中"的。② 也就是说,既不是作者成就作品,也不是作品成就作者,作者和作品不是通常意义上的主客关系,而是艺术成就了作者与作品双方。同样,真理也并非主体或者客体,而是超越了主客体的模棱两可之物。作为主体,它将自己置入作品中;而作为客体,它被置入了作为人的创作和保存的艺术中。除了创作者之外,欣赏者对作品同样具有重要的意义。作品为存在者开启出敞开性并进入这片敞开性,也把我们移入了这片敞开性,同时移出了平庸,改变并抑制了我们遵从惯常的行为、认识与评价,以便让我们逗留在作品中发生的真理那里。这种逗留行为就是对作品的保存,而作为作品欣赏者的"我们"则成了保存者。只有通过保存,作品才能够真正地成为作品,或者说:以作品的方式存在。如果只有创作者而没有保存者,被创作的东西也无法存在。只要作品是一件作品,它就必然与保存者相关涉,即便暂时没有保存者,作品也在期待着保存者,期待着进入真理之中。③

看上去,海德格尔的这番论述类似于伊塞尔推崇的"接受美学"的观点:任何艺术作品都分为两极,作者的文本构成艺术的一极,由读者完成审美的一极。任何作品在没有被人欣赏以前都只是一个未完成的、开放的文本,唯有通过和接受者之间的交互性作用才能创造出作品的审美对象。④ 不过,这些观点仍然是在传统的主—客两分的前提下,分别将欣赏者和作品归为主客体来论述的,海德格尔则跳出了这一局限:一方面,作品开启了敞开之地,并把欣赏者也移入了

---

① 海德格尔. 林中路[M]. 孙周兴,译. 上海:上海译文出版社,2013:49-59.
② 海德格尔. 林中路[M]. 孙周兴,译. 上海:上海译文出版社,2013:21.
③ 海德格尔. 林中路[M]. 孙周兴,译. 上海:上海译文出版社,2013:54.
④ 伊塞尔. 文本与读者的交互作用[J]. 姚基,译. 上海文论,1987(3):91.

其中;另一方面,欣赏者又在这片开敞中发现了作品中的真理,并由此保存作品,使之真正地成为作品。就这样,作品和欣赏者相互成就了对方。而通过对作品的审美性欣赏,作为保存者的欣赏者也完成了自我超越,追随着被设置入作品中的存在者之敞开性,摆脱平庸晦蔽的常人状态而绽出地进入存在之无蔽状态中。在作品中,保存者不仅发现了自行置入其中的真理,也找到了自己的家园。[①]

与海德格尔观念相近的是梅洛-庞蒂,他认为:存在"应该以某种方式使自己成为可见的,以进入到绘画中来。"[②]他还借用了塞尚的话:"是风景在我身上思考,我是它的意识。"[③]似乎在艺术世界里,主客关系可以完全颠倒过来。梅洛-庞蒂所说的"存在"与其说是被描绘的风景,毋宁说是风景的"意识",是跳出绘画与作品之间的主—客关系,自行进入画中,并使自己"可见"的"真理"。就像塞尚笔下的物体和脸孔,其意义已经在对他显现的世界自身中存在了,是那些物体和脸孔要求被画成那样,塞尚不过是说出了它们想要说的,披露了它们早已存在的意义。[④] 在这里,似乎又依稀可见德国唯意志主义哲学家叔本华关于"作为意志和表象的世界"的思想:艺术作品作为表象,表达的只是它们原本就存在的意志。

杜夫海纳遵循上述思路,将审美对象表述为一个"准主体",并借用了海德格尔的学生、法国存在主义哲学家萨特的"自在"和"自为"的概念来加以说明。在萨特的概念里,自在表明在未被意识所意向之前存在的,处于混沌朦胧状态的某个东西;自为则是主动、自由的,显现自在这种存在的人的意识。萨特力图用这两个概念来强调个人对自身命运的主观能动性把握和选择,这显然也继承了海德格尔要

[①] 海德格尔.林中路[M].孙周兴,译.上海:上海译文出版社,2013:55.
[②] 梅洛-庞蒂.眼与心:梅洛-庞蒂现象学美学文集[M].杨大春,译.北京:商务印书馆,2007:42.
[③] 梅洛-庞蒂.眼与心:梅洛-庞蒂现象学美学文集[M].杨大春,译.北京:商务印书馆,2007:51.
[④] 梅洛-庞蒂.眼与心:梅洛-庞蒂现象学美学文集[M].杨大春,译.北京:商务印书馆,2007:56.

求人摆脱常人的沉沦状态,而通过自我筹划进入开敞、无蔽的此在状态的观念。杜夫海纳又把这些概念引用到了审美的层面,将审美对象视为一个"准自为",它既不排斥人身上的自在,也不排斥审美对象身上的自在,是一个"既是物而又不是物的东西"。[1]

在杜夫海纳看来,我们用"巴赫的世界""梵高的世界"来表示他们的作品所表达的东西,这体现了对象与主观性之间一种更为深刻的联系,如果对象本身带有一个与它所处的客观世界所不同的自己的世界,那么它就表现了一个自为的效能,成为一个准主体。审美对象本身的物质属性决定了它作为自在的性质,是不依赖于审美者的存在。虽然"审美对象"一词已经暗示了它的客体性,但审美主体的态度却可以把其物性转化为艺术性,使它具备了准主体的性质,从自在升华为可以自我表达的自为的作品,"这个对象不断向制作或知觉它的人提出要求"。[2] 不仅审美主体从该作品身上找到了一个世界,该世界也同时由这个作品自行打开。另外必须看到,即便审美对象被人所欣赏,只要还没有被挖掘出它所包含的超越现实的世界,它就依然不具备"作品性",只能继续等待保存者的到来。"审美对象一直就存在在那里,只等待我前去感知赏光。它像物那样顽强地呈现出来。"[3]而当有人从它身上发现了那个世界时,也就找到了自行置入其中的真理,从而使该审美对象敞开为一个准自为的存在,这个人也就从审美对象的欣赏者变为了作品的保存者。

在海德格尔的论述里,也有和"自在"与"自为"相对应的概念,就是"大地"与"世界"。大地是物的因素,世界则是源于物而又超越物,居于物质上的。大地的本性是锁闭,世界的本性则是敞开。

> 大地是永远自行锁闭者和如此这般庇护者的无所促迫

---

[1] 杜夫海纳. 审美经验现象学[M]. 韩树站,译. 北京:文化艺术出版社,1996:264.
[2] 杜夫海纳. 美学与哲学[M]. 孙非,译. 北京:中国社会科学出版社,1985:55-57.
[3] 杜夫海纳. 审美经验现象学[M]. 韩树站,译. 北京:文化艺术出版社,1996:114.

的涌现。世界和大地本质上彼此有别,但却相依为命。世界建基于大地,大地穿过世界而涌现出来。但是,世界与大地的关系绝不会萎缩成互不相干的对立之物的空洞的统一体。世界立身于大地;在这种立身中,世界力图超升于大地。世界不能容忍任何锁闭,因为它是自行公开的东西。而大地是庇护者,它总是倾向于把世界摄入它自身并且扣留在它自身之中。①

海德格尔把"建立一个世界"和"制造大地"视为作品存在的两个基本特征。这里的"制造"并非加工制作的意思,而是指:作品把原本自行锁闭着的大地带入了敞开领域中,由此"让大地是大地"。② 作品中包含了一个世界,这个世界立身于作为作品物的属性的大地之上,但世界本身是敞开的,于是力图超越自行锁闭的大地。在世界和大地的对立中产生了开敞和锁闭的争执,在争执的过程中实现了作品的统一。世界和大地相互遭遇、相互赶超,并在相互的逆反中发生了真理的庇护。所以,世界是具有大地性的,大地则是世界性的。③

二、作为审美对象的景观

现在让我们回到本文的主题:建筑与场所的审美上来。海德格尔认为,存在之"离弃状态"的表现之一就是:艺术的本质被误解了,它的核心——真理的建基方式遭到了无视,艺术不得不屈服于一种文化用途。有关艺术作品本源的追问必须紧密地联系于克服美学的任务,同时还要克服作为对象性的可表象之物的存在者的理解。④ 在海德格尔看来,存在和存在者自古以来就被混淆,存在是一种澄

---

① 海德格尔. 林中路[M]. 孙周兴,译. 上海:上海译文出版社,2013:35.
② 海德格尔. 林中路[M]. 孙周兴,译. 上海:上海译文出版社,2013:32.
③ 海德格尔. 哲学论稿[M]. 孙周兴,译. 北京:商务印书馆,2012:291.
④ 海德格尔. 哲学论稿[M]. 孙周兴,译. 北京:商务印书馆,2012:291125、532.

明，但存在者却总是遗忘了这个存在的真理，故而陷入了沉沦。① 对于形而上学来说，存在的真理始终是被遮蔽的，然而令人遗憾的是，对于艺术来说，往往也是如此。艺术是什么？它应当是带来世界开启、真理发生的存在，却总是屈从于文化和美学，被定格为形式构成的存在者，客观化研究的对象。对于人来说，本可以通过艺术作品摆脱世俗平庸的生活和眼光，进入敞开的澄明之境，完成自我超越，实现自我价值，达到无蔽状态，结果却总是放弃作为艺术保存者的崇高使命，而沦为拘泥于艺术品形式、品质和魅力的鉴赏者。②

那么，对于建筑的审美又如何？当面对宏伟的帕提农神庙时，有人忙着研究它的形制、比例、装饰图案，然后绘制出精确而精致的测绘图来。然而，这终究只是考古学家，而非建筑师的作为。更多的人虽然挂着建筑师的名号，却也只是如考古学家一般，拘泥于建筑尺度构图色彩这些外在的东西，最多再加上功能或者历史、文化层面的考量。只有少数的人，如真正的建筑师柯布西耶者，会震撼于其宏伟的体量在爱琴海的阳光下所表现出来的强烈光影对比。于是我们看到，在印度旁遮普省昌迪加尔的市政建筑设计中，柯布西耶没有复制帕提农神庙的形式，却重现了帕提农神庙恢宏的光影效果。佩雷兹-戈麦兹通过对维特鲁威著作的研读指出：建筑的"意义"永远不能仅仅从某个"审美对象"中，或者从旅游胜地的短暂停留状态中获得，无论它们的形式何等精致。③ 正如回忆有主动和被动的区别，美也有理性和感性之分。主动回忆是我们能够理性驾驭的，但只有被动回忆才能提供感同身受的感性体验；同样，理性美是可以靠量化来分析并实现的，但只有感性美才能让人感受最深刻的心理愉悦。一幅名画的价值不在于其构图和色彩的和谐，而在于它带给人的感官震撼，以及由此开启的世界。建筑的美，也不在

---

① 海德格尔. 路标[M]. 孙周兴,译. 北京:商务印书馆,2011:390-391.
② 海德格尔. 林中路[M]. 孙周兴,译. 上海:上海译文出版社,2013:56.
③ 佩雷兹-戈麦兹. 建筑空间:作为呈现和再现的意义[J]. 丁力扬,译. 城市·空间·设计,2011(3):10.

于尺度、色彩、材质、光影这些可量化的客观元素,而在于这些元素所构成的整体氛围,被这种氛围所激发的回忆、期待和想象。正是这些体验让人摆脱了世俗的眼光,在对现实场所的瞬间迷失中感受到建筑与场所之美,发现建筑与场所开启的世界。只可惜,在现实中,建筑总是要么因为其形体的独特式样被关注,要么被赋予文化上的含义,成为承载集体记忆的文化或历史符号。

除了建筑物自身的审美价值外,它还可以成为风景的构成因素,让建筑之美在整体环境中得到体现。背景环境既是建筑的视域,映衬出建筑主体,又和它一起构成了统一的审美对象。和建筑一样,风景之美也不仅体现于它在照片或绘画中所呈现的匀称构图或合理的色彩搭配,还在于光线配合下的纵深空间所形成的整体氛围,以及这个氛围带给人的深刻心理体验。当我们沉醉于风景之中时,往往会不由自主地被勾起回忆,由眼前的景色打开一个非惯常的世界。对此,即便是专注于思辨哲学,极少涉足美学的胡塞尔,在论述意向客体与心理感受之间的因果关系时,也否认"物理实在"是对风景审美的起因,而强调了"回忆"的因素:

> 惬意状况或惬意感觉并不"从属于"作为物理实在、作为物理原因的风景,而是在与此有关的行为意识中从属于作为这样或那样显现着的、也可能是这样或那样被判断的、或令人回想起这个或那个东西等等之类的风景;它作为这样一种风景而"要求"、而"唤起"这一类感受。[①]

对于回忆来说,场所既是诱因,又是终点。同样,场所既构成了由作品打开的世界,又可以作为作品去打开更多的世界。《农鞋》所开启的是由田野、田垄等场所构成的世界;而当场所构成了供审美的

---

① 胡塞尔.逻辑研究·第二卷第一部分[M].倪梁康,译.上海:上海译文出版社,2006:458.

风景时，又将开启更多包含着各种理想之境的世界。

海德格尔在论述艺术的时候，探讨的对象是"艺术作品"，杜夫海纳则把这个关注点更换成了"审美对象"。艺术作品能让人审美，但能唤起审美体验的却并不一定是艺术作品，如自然风景能让人感到美，却并非人为之物，要说它是"作品"，也只能说它是"大自然所创作的艺术品"。无论是人的创作还是自然的创作，一旦被保存者成就为"作品"，它就不再是被动的审美对象，而具有了一定的主动性，既被真理所置入，又可以生成真理，还能够开启世界。

海德格尔痛心于现代技术对自然的计算性谋制，即便最后还剩下风景与疗养，也被人为地计算与设计，为芸芸众生打造起来了。① 的确，如今我们到风光宜人的旅游胜地去度假，看到的却往往是被豪华宾馆或游乐设施所包围的风景，少了一份自然野趣，即便是蓝天碧海、棕榈沙滩，我们和它们的接触更多地也不是来自亲身经历，而是来自无孔不入的大众视觉传媒，来自于电视或画报上的广告宣传。风景确实在被人计算、被人设计着，但是，所有呈现于人眼前的景观，都是能够被计算、被设计出来的吗？

当建筑师进行设计的时候，除了设计平立面之外，还会根据需要画一些透视图，考察三维的效果。在现代计算机技术的帮助下，这种效果图的绘制不仅便捷，还可以做得格外逼真，几乎能完全呈现建筑落成后的视觉效果。但就算设计师把建筑的尺度、色彩、材料、肌理规划得尽善尽美，也难以完全预料到这些因素在现实中相互作用下的整体效果，以及它们在不同时段、不同光线作用下所营造的氛围，更不要说建筑在不同距离、不同角度的观察下形成的不同透视效果，它们带给人的不同视觉感受和心理体验。无论计算机为一件建筑作品绘制多少张效果图，也无法穷尽一个人在建筑外或建筑内部每一个瞬间，每一个空间坐标，往每一个方向所看到的场景。就算设计者

---

① 海德格尔.哲学论稿[M].孙周兴,译.北京:商务印书馆,2012:293.

在事先对观察者的位置已经有了充分计算,甚至可以设计人在建筑内部移动过程中的景观呈现,这些也只能是观察者实际能够看到的诸多场景中极微小的一部分。至于诸多构成因素结合后产生的氛围,或是某些场景可能给人造成的独特心理体验,这是完全无法通过设计事先预料到的。

不光是单个建筑本身,由建筑参与营造的景观同样会造成超出预先设计的可能,而且这样的可能性会更多。单是从任意距离和角度观察同一座建筑,就可以看到它呈现出来的不同景象,而当它和周边景物相互结合,又会产生更多的可能。在高楼林立的现代都市里,这一现象尤为明显。从由建筑围合而成的街道或广场向四周张望,参差的建筑相互排列叠加,组合成各种形态的街景。再考虑到纵向的观察点,从每一栋楼每一层的每一个窗口望出去,都会获得不同的都市景观。这样算下来,一个都市里的景观何止成千上万。每一个景观都是一个独立的审美对象,还时常在晨曦或夕阳的作用下,或是在万家灯火、霓虹和路灯的配合下显现出独特的魅力,给人造成本雅明所说的那种"震惊"的印象。虽然构成景观的建筑都是来自人为的设计,但再宏观的城市规划也无法预见到如此众多的场景,它们的形成纯属偶然。杜威曾引用过美国诗人马克斯·伊斯曼的《诗歌欣赏》中对乘渡船进入纽约城的人的描述,来说明审美经验的性质。有的人只是看着岸上的建筑就可以分辨出大都会塔、帝国大厦,有的人从高高的建筑身影中看到了土地的价值,也许他会接着想到这些安排的无计划性证明了混乱的社会是以冲突而不是以合作为基础组织起来的。但就在这无计划的景观中,他又发现建筑组成的景色可被当作相互作用之间,与天空和河流联系在一起的光与色的团块,此时,他就像画家一样在审美地看着纽约城的景象。[①] 林奇在《城市意象》里描述的那些都市景观,无论是从查尔斯河上看到的波士顿,岩壁边

---

① 杜威. 艺术即经验[M]. 高建平,译. 北京:商务印书馆,2010:157-158.

缘耸起的泽西城医学中心，还是洛杉矶的百老汇大街和奥尔维拉广场，[1]都构成了城市的独特个性，也无一例外都是在城市发展过程中自发形成，而不是来自于事先规划。

不仅都市景观本身，就连观察景观的观景点也往往形成于偶然。从某种程度上而言，景观的成立取决于观察点的挖掘，每增添一个新的观察点，就等于新增添了一个景观。当都市里有新的楼宇落成，不仅和周围环境相互配合形成了一个个新的景观，还因为其自身创建的众多新景观点，又造就了众多由其他楼宇构成的新景观。甚至无须新的楼宇建成，都市里随时都会有新的景观出现，因为随时都可能有人在此前无人关注的地点，比如某个不显眼的露台上，少有人光顾的楼梯间或走廊的窗口前，发现一处此前无人问津的都市风景。就像位于上海浦东"三件套"正中的一个配电箱，有人发现站在上面仰望，恰好能看到三座摩天大楼汇聚于头顶，于是迅速成为网红之地。在无意间被挖掘出来不只是一个个打卡点，还有一个个在无意间被塑造出来的独特景观。

除了景观显现地点外，偶然形成的还有景观的显现方式，这方面最典型的例子就是上海曾经的"亚洲第一弯"。其原本是交通规划的一个权宜之计，让高架道路和地面交通靠一个立体弯道勉强地连接起来，却在无意间造就了浦江景观最华丽的登场。车辆在延安东路高架桥上向东行驶，两侧局促的楼群在接近外滩时依次隐退，视野豁然开朗之际，壮观的陆家嘴天际线乍现于宽阔的江面。就在乘客为这一幕所震撼时，车辆随即90度左转驶下高架，左侧外滩折衷主义风格的"万国建筑博览会"和右侧浦东的摩登楼宇群尽收眼底。单单这一个弯道上的风景，就浓缩了整个上海城市面貌的精粹。而随着2008年外滩交通系统改建工程完工，高架、地面与地下交通之间的结合更加合理，"第一弯"被拆除，上面的独特景观也就不复存在了。

---

[1] 林奇. 城市意象[M]. 方益萍，何晓军，译. 北京：华夏出版社，2001：12-30.

所幸的是失之东隅,收之桑榆,在南京东路步行街延伸工程竣工后,这精彩一幕从高架桥转移到了地面。如今在南京东路向东行至外滩,东方明珠携"三件套"将完整的天际线居高临下地展现在防汛墙之上,这一幕不仅弥补了"第一弯"自身消失的缺憾,也弥补了原先"第一弯"上风景变换过快,无法驻足留影的缺憾。

都市景观由人所设计的建筑构成,景观本身却并非由人为的设计而产生,所以和自然风景一样并没有真正意义上的作者,或者说拥有的只是"准作者"。它们既不能算作真正的艺术"作品",也不完全是自然之物,所以只能算作"审美对象",最多是"准作品"。但也正是这些缺乏真正作者的审美对象,让我们领略了真理"既非主体亦非客体"的本性——在明确知道作者为何人的画作中,海德格尔都能看出真理的"自行置入",何况在只有"准作者"的景观里,真理自行扮演了主体的角色,将自己置入其中。在这些景观尚未被人发现之时,它们只是一个个自行锁闭的自在之物,即便时常被人看见,也可能因为人们的熟视无睹而只被投以世俗的眼光,无法达到更高的审美层次。唯有当有人被某一景观所震撼,被唤起某些记忆、期待或想象,对眼前的场景感到迷失,仿佛它显现出超越现实的意向而打开了一个独特的世界,此时,景观真正的审美价值才得以体现。在延安东路高架桥建造前,以那种既震撼又带有戏剧性方式出场的浦东景观只是一个被遮蔽的存在,在"第一弯"落成后,它才连同自己的呈现方式一起成为被解蔽的作品。如今尽管"第一弯"已经消失,那一幕却作为被保存的作品在众多人的记忆和影像中成为了永恒。法国后印象主义画家塞尚说过:"由画家来描绘那些还不曾被画过的东西,并把它们完全地变成绘画。"[①]景观的发现者扮演的正是画家的角色,但他不需要画笔,就能将此前既未被画过,又未被看到过的景观成就为一件作品、一个审美对象。

世界和大地相互争执,自行解蔽又自行遮蔽。在都市景观中,构成

---

① 梅洛-庞蒂.眼与心:梅洛-庞蒂现象学美学文集[M].杨大春,译.北京:商务印书馆,2007:51.

景观的建筑作为物的因素扮演了大地的角色。当景观被观察者以作品保存者的身份发现,也就被赋予了作品的性质,成为了自为的准主体,并成就了构成它的建筑真正地成为大地,将建筑带入了敞开的澄明之境。当景观处于自行遮蔽的状态时,它等待着保存者的到来,但并不是说此时已经有一个敞开状态的世界等待它的进入,敞开状态和向其中的移置是一起发生的。① 观察者作为保存者成就了景观的作品性,但并不就此成为景观的主体,作为作品的景观是自行锁闭,也是自行解蔽、自行澄明的。虽然场所体验是一种个人化的经验,但用海德格尔的观点来看,作品不单纯是体验的激发者,作品的保存也没有把人孤立于个人体验中,而是把人推入了作品中发生着的真理的归属关系中,改变了人与世界和大地的关系。② 作品与人相互成就对方,共同接触真理,共同进入无蔽状态,二者之间不是主体与客体的关系,而是有着"主体间性"的互动。被开启的世界既属于观察者,也属于景观自身,因为无论个体还是被个体保存的作品,都是揭示世界的此在。景观因为被解蔽而被成就了作品性,我们也因为对景观的审美而看到了一个超越现实的世界,绽出地进入了无蔽的审美状态中。建筑对于一个地块的价值,不仅在于促进了当地的商业活动或提升了地价,还在于激活了该地域的"场所精神";同样地,建筑对于人的价值,也不仅在于它作为实用品被制造出来,通过自身的功能保障了人作为"常人"的生活,还在于它通过真理的置入和世界的开启让人体验到场所之美,成就了人对日常沉沦状态的超越。

面对同样的景观,为什么有的人熟视无睹,有的人却会投去审美的眼光?杜夫海纳认为,审美世界只有通过情感先验才能变成世界,而艺术会教我们运用各种先验进行感知,帮助我们运用并把握这些先验,而又正是这些情感先验构成了艺术,并揭示了世界的一个面貌。③ 也就是说,要想拥有一双"发现美的眼睛",是需要经过学习和

---

① 海德格尔. 哲学论稿[M]. 孙周兴,译. 北京:商务印书馆,2012:322.
② 海德格尔. 林中路[M]. 孙周兴,译. 上海:上海译文出版社,2013:54-55.
③ 杜夫海纳. 审美经验现象学[M]. 韩树站,译. 北京:文化艺术出版社,1996:570、583.

训练的:"艺术指引和激发我们对这种现实的感知:内瓦尔和印象派画家教我们如何看法兰西岛,雷斯或高乃依教我们如何看投石党运动或肖像画家教我们如何看人的面孔。"①

对景观的审美,经常是通过绘画、摄影等再现艺术来实现的。一个人原本不懂欣赏自然风光之美,但也许在他欣赏了一幅优美的风景画后便首先学会了欣赏"画之美",并自然而然地学会了欣赏风景的"美如画",懂得用审美的眼光看待现实的场景,从中揭示出超越现实的审美世界。当然,绘画或照片中的二维景观和现实的三维景观有着极大的差别,但也正因为如此,二维的图片给了欣赏者更多的想象空间。海德格尔面对一幅表现农鞋的画就能挖掘出农妇生活、劳作的环境,取景广阔的风景画中必然隐藏了更多画面外的景外之景、象外之象,更多潜在的世界。

第二节 在场所中"诗意地栖居"

海德格尔在《筑·居·思》一文的结尾处批评了现代人由于不懂得如何栖居,故而总是在精神上处于无家可归的状态。那么,人应当如何栖居呢? 海德格尔借用荷尔德林的诗句作了回答:"人诗意地栖居"——不是诗人偶尔诗意地栖居,而是每个人总是诗意地栖居。②实现"诗意"并不一定需要作诗,而是泛指审美活动;"栖居"也不只是居住,而泛指整个生存行为。既然海德格尔认为审美可以使人摆脱惯常的生存状态,而进入无蔽的审美世界,我们又怎样才能时刻保持审美化生存的状态呢? 荷尔德林的原文是:

---

① 杜夫海纳.审美经验现象学[M].韩树站,译.北京:文化艺术出版社,1996:587.
② 海德格尔.演讲与论文集[M].孙周兴,译.北京:生活·读书·新知三联书店,2005:196.

> "充满劳绩,但人诗意地,
> 栖居在这片大地上。"

劳绩表明了人物质层面的生存,诗意表明了人对精神生活的追求,"但"字表明前者对后者并不造成妨碍。海德格尔分析道:因为诗意通常被看作属于幻想的领域,故而"诗意地栖居"会造成一种假象,仿佛要把人从大地那里拉出来,幻想般地飞翔于现实上空。但诗人强调:"诗意地栖居"是发生在"这片大地上"的,作诗并不超出大地、离弃大地,反而把人带向大地,使人归属于大地,从而进入栖居之中。人双脚踩着大地栖居,同时仍可以仰望天空,贯通天空与大地之间,由此构成了人的栖居之所。① 大地是现实的,天空是虚幻的,海德格尔的态度很明确:审美虽然会造成对现实的超越,但并不导致对现实的脱离或逃避,"诗意地栖居"不要求"生活在别处",而必须是建立在日常生活的基础之上的。脚踩大地满足物质温饱,仰望天空追求精神富足,人就这样诗意地栖居在物质与精神,大地和天空之间。

人并非偶尔进行这种贯通,而是在这样一种贯通中人才根本上成为人。人之为人,总是以某种天空之物、以神性来度量自身,神性是人借以度量其在大地之上、天空之下栖居的"尺度"。② 人首先是物质的,又随着保持超越物质生存的精神追求的"贯通"姿态,方为在世之人。对精神生活的追求便是以神性来衡量人自身,这并不能刻意或偶尔为之,而是必须时刻保持着一份诗意的审美心态,保持着贯通天地之间的仰望测度。"神本是人的尺度",神通过天空的显现,揭露了那些自行遮蔽的东西,并守护着在其自身遮蔽中的遮蔽者。③

---

① 海德格尔. 演讲与论文集[M]. 孙周兴,译. 北京:生活·读书·新知三联书店, 2005:201、204.
② 海德格尔. 演讲与论文集[M]. 孙周兴,译. 北京:生活·读书·新知三联书店, 2005:205.
③ 海德格尔. 演讲与论文集[M]. 孙周兴,译. 北京:生活·读书·新知三联书店, 2005:207.

正是通过精神上的追求,让人看到了自身的贫乏,看到自己在常态的物质生活中被掩盖的精神能量和自我属性,也看到了被现实世界中各种惯常事物所遮蔽的诗意形象。

如果说,"诗意地栖居"就是保持审美化的生存姿态,那么,审美的对象是什么呢?海德格尔认为,是"疏异的东西"(Fremde)——"在熟悉的景象中,诗人召唤那种疏异的东西。"诗意的形象是一种别具一格的想象,不是单纯的幻想和幻觉,而是在熟悉者的面貌中的疏异之物的可见内涵。作诗者采取的是天空的尺度,疏异者是天空景象中最熟悉的东西。作诗,是为人的栖居"采取尺度";作诗,乃是原始的"让栖居"。① 在海德格尔眼里,审美是人在世生存的基本姿态。审美,并不一定要去画廊或剧院,现实生活中的一切惯常事物都可以成为审美对象。当我们对它们采取诗的尺度,就能发现它们不被察觉的诗意的一面,虽然眼前的形象依然,这熟悉的面貌中却显现出不同寻常的疏异内涵。即便我们脚踩大地,也能看到天空的景象。

英国文学理论家特里·伊格尔顿认为,海德格尔把美学的神秘与平凡结合在一起,将审美给泛化了,整个世界都被他当作为一件艺术品。② 场所审美体验恰如其分地诠释了海德格尔的这种泛化美学思想:因为对现实场所的审美,我们开启了一个审美的世界,也由此改变了我们看待周边环境,看待现实生活世界的眼光。对生活环境的审美,也就是对现实人生的审美,这让我们走上一条日常生活审美化的道路,进而以一种诗意的方式栖居在大地上。

诺伯格-舒尔茨认为,人需要理解自己生活的环境,当环境具有意义时,人就会觉得像置身家中一般自在;③段义孚则认为,对环境

---

① 海德格尔.演讲与论文集[M].孙周兴,译.北京:生活·读书·新知三联书店,2005:208-212.
② 伊格尔顿.审美意识形态[M].王杰,付德根,麦永雄,译.桂林:广西师范大学出版社,2010:307,317.
③ 诺伯舒茨.场所精神:迈向建筑现象学[M].施植明,译.武汉:华中科技大学出版社,2010:23.

的审美就是用全新的眼光看待熟悉的场景,发现司空见惯甚至乏味的场所通常不被注意的那一面。如家一般熟悉的环境让我们感觉温暖和安全,却可能产生乏味感;陌生的环境会令我们不安甚至恐惧,但又充满新鲜和未知的渴望。在现实生活中,我们总是在试图用新鲜替代乏味,让熟悉冲淡陌生。对场所的迷失体验恰好能让我们实现这一愿望:让熟悉的场所突然变得陌生而新鲜,让陌生的场所勾起往昔熟悉的回忆。而无论熟悉场所中的新鲜感,还是陌生场所中的熟悉感,都源自同一个地方:记忆深处那个充满了理想之境的,属于自己的"世界"。对现实场景而言,这个世界所提供的景象是疏异的、陌生的;对个体而言,这个世界充满了熟悉的、个性化的记忆。在海德格尔的论述里,和这个"世界"相类似的概念就是"家园"和"故乡"。

在海德格尔笔下,"烦"和"畏"均是人生存的基本状态,"在家"和人的在世情态一样充满了矛盾:沉沦于公众意见的常人在"在家"的状态中获得了安定,却又作为此在被"畏"从沉沦中抽了回来,进入了不在家的状态而茫然失所。[①] "在家"是安定的,也是沉沦和非本真的;"不在家"意味着畏与茫然失所,也意味着本真和超越。现代人的沉沦又导致了"无家可归"的状态,亟待在精神上"返乡"[②]。在海德格尔的词汇表里,本义上的"家"不同于引申意义上的"家园",现世的"在家"也不同于心灵的"返乡","家"和"在家"是世俗而平庸的,"家园"和"返乡"才是超越现状的、理想化的。恰是由于世俗化的"在家"才导致了精神上"返乡"的困难,造成了"无家可归"的现状。

从生存层面上讲,不在家意味着飞离燕雀巢穴,虽然不免会茫然若失,却能激励自己去实现鸿鹄之志,找到本真的自我,成为敞开状态中的此在。从思想层面上讲,如果现代人能摆脱形而上学知识体系的束缚,多关注些思想和文字的保养,就能实现精神上的返乡,摆

---

① 海德格尔.存在与时间[M].陈嘉映,王庆节,译.北京:生活·读书·新知三联书店,1999:218.
② 海德格尔.路标[M].孙周兴,译.北京:商务印书馆,2011:398.

脱无家可归的窘境。① 从审美层面上讲,我们对家一般熟悉的现实景象加以诗的尺度,便能用内心的"世界"或心灵的"家园"所容纳的场景对之加以衡量,从中看到既疏异又熟悉的,超越现实的天空的景象。这是一种泛化的审美,把世界的一点一滴都当作审美的对象,现实世界因此变得澄明,自我也能达成心灵的返乡,实现"诗意地栖居"。就如罗丹所说,生活中不缺少美,只缺少发现美的眼睛;就如杜威所说,诗意地阅读一首诗,就创作出了新诗。就人与场所的关系而言,倘若仅仅把"栖居"理解为在场所内的安居,仍未能脱离物质生存的层面;只有追求对平凡生活的超越,才能使自己的心灵找到归属。对现实场所的迷失就是对现实生活的审美性超越,刹那间的迷醉固然短暂、虚幻,对人生而言也是一种安慰、寄托;面对注定严峻而充满"烦"与"畏"的人生,在审美中对当下作暂时的超越,能在我们重返常人状态后,为日常生活提供足够的动力源。当用诗意的眼光欣赏现实成为一种常态,场所以及营造场所的建筑就会成为"诗意地栖居"的载体,既提供生活的现实,又提供超越现实的可能。

  海德格尔将审美纳入日常生活的观念在西方哲学界并非独创,杜威的美学思想就与之非常接近。虽然前者把放弃对形而上学探索的实用主义看作倒退和灾难,但和现代欧陆哲学的主要倾向一样,杜威的哲学思想也以挑战近代西方哲学主客对立的二元论为己任,将人视为"活的生物",从而打破人的主体意识。世界被视为人的环境,而人也是环境的一部分,无法置身于环境之外。在美学上,他反对传统上把艺术和人的经验相互割裂的观念,认为艺术哲学的一个重要使命就是"恢复作为艺术品的经验的精致与强烈的形式,与普遍承认的构成经验的日常事件、活动,以及苦难之间的连续性。"②尽管分属不同的哲学阵营,但是对比杜威与海德格尔的艺术观,还是可以发现

---

① 海德格尔.路标[M].孙周兴,译.北京:商务印书馆,2011:429.
② 杜威.艺术即经验[M].高建平,译.北京:商务印书馆,2010:4.

双方的相似之处：一个认为艺术不仅属于个人经验之外的建筑、绘画或塑像，另一个把整个世界当成了一件艺术品；一个力图恢复艺术的形式和日常经验之间的联系，另一个把美学的神秘与平凡相结合。当审美进入日常生活，美就不再局限于形式的和谐、比例的匀称或色彩的搭配，而来自于活生生的生活体验。

　　人类历史进入20世纪，社会生活中出现了一个明显的"美学转向"的趋势，高雅文化与通俗文化之间的距离正在消失。以"反艺术"姿态粉墨登场的先锋艺术，为了商业目的满足大众低级趣味的通俗艺术，和现代科技紧密结合的设计艺术……打破艺术和生活界限的方式层出不穷，"日常生活审美化"成了社会共识。当然，其中很多方式非但没能让生活升华为艺术，反而拉低了艺术的身段，导致了艺术的平庸。"诗意地栖居"也变成了商业化的噱头：旅行社打出马尔代夫或桑托里尼世外桃源般的风景，游客也配合地将旅行照片或短视频晒上博客或微信，仿佛这便是"诗意地栖居"的佐证；房产商开发一个高档楼盘，让建筑师装点一些造价不菲的室内外小品，形成舒适的起居和优美的景观，也能自诩为"诗意地栖居"。

　　显然，这些是对海德格尔的误解。真正的"诗意地栖居"是将生活泛审美化，不需要远离或高于普通生活的外在载体，就能赋予世俗平凡以诗意，从身边的一点一滴中品味出美来。固然，海德格尔心目中的永恒家园是林中路通往的田园农舍，但至少对他来说这也只是日常生活场所，正如都市人每天面对的车水马龙。在人迹罕至的森林田野里，在风景如画的蓝天碧海边，固然可以体会"天地人神"的四方共在，而在喧嚣繁杂的钢筋森林里，只要懂诗、理解诗，同样能够实现"诗意地栖居"。

第五章
超越当下的意向空间

第一节 对现实的暴露与掩盖

就海德格尔所推崇的梵高的画作《农鞋》，我们曾提出了问题：如果说这幅作品开启了一个世界，那么它所开启的是谁的世界？是梵高的世界、农妇的世界，还是海德格尔的世界？接下来，我们还可以继续追问：究竟是什么因为打开了这个世界而成为一件作品？是《农鞋》，还是农鞋？也就是说，是梵高的画，是梵高画中的那双农鞋，还是作为器具、兼具有用性和可靠性的农鞋本身？说"艺术作品建立世界"，只是表明了二者间的充分关系，却并未说明二者间有必要关系。艺术作品能够建立世界，但是能建立世界的就一定得是艺术作品吗？既然按照海德格尔的泛化审美，整个世界都可以被当成审美对象，那为什么打开农妇的世界的只能是画框中的农鞋，而不能是现实中的农鞋？

为了理解画框对农鞋的作用，让我们重新审视一下海德格尔在《筑·居·思》里描写过的一座桥——一件现实中的、没有被画框框住的器具。和农鞋一样，桥的价值首先也在于其使用功能，不过它同时还是构成河流四周风景的重要元素。试想一下,如果风景中只是一条河流与两旁的河岸,或许我们看不出太多的内容,但如果有一座桥"轻松而有力地"飞架于河流之上,那么它不仅能把大地聚集为河流四周的风景,让画面有了构图的中心,还可能预示更多的情节。在暴风雨和解冻期,桥墩经受洪水巨浪的冲击,桥洞则释放了冲天的水流。桥让河流自行其道,又为人提供了来往于两岸的道路。城里的桥从城堡通向教堂广场,乡镇前的桥把车水马龙带向周围的村子,水溪上的石板桥承载了伐木车辆,高速公路上的桥被编织入长途交通网中……桥以自己的方式把天、地、人、神聚集于自身。[1] 可以看到,海德格尔所描写的根本就不是某条河流上的"那一座桥",而是各条河流上的各座桥梁。这番描写与其说是对各座桥相类似功能的赞述,不如说刻画了海德格尔从其中某一座桥身上看到的、由这座桥所开启的、属于所有桥梁的共同世界。在农鞋所开启的世界里,农妇在田野上辛勤劳作;在桥梁所开启的世界里,人们被它以多重方式伴送着。在这里,桥的身上体现的不只是有用性,还有可靠性。只不过,桥的外围并没有框住农鞋的那幅画框。

　　海德格尔认为,器具兼具有用性和可靠性,有用性只是可靠性的本质后果,可靠性才是器具之器具存在。有用性指的是器具的功能性,指的是它如何发挥用途,而可靠性才能给器具的使用者、给使用者的世界带来安全。器具的可靠性是器具之器具因素,这一点我们只有通过在画布上再现该器具的艺术作品才能惊艳到。如果我们要寻获农鞋作为鞋的器具存在,既不能通过对真实鞋具的描绘、对制鞋工序的讲述,也不能通过对某人实际使用鞋具的观察,而只能借助梵高的画,只有他的画才能揭示农鞋作为器具的可靠性,使我们懂得了鞋具实际上是什么。[2] 也就是说,器具的可靠性在日常生活中是被

---

　　[1] 海德格尔. 演讲与论文集[M]. 孙周兴,译. 北京:生活·读书·新知三联书店,2005:160-161.
　　[2] 海德格尔. 林中路[M]. 孙周兴,译. 上海:上海译文出版社,2013:19-21,57.

遮蔽的，只有通过艺术性的表达才能令其解蔽。问题也随之而来。通过海德格尔对桥的描述我们可以看到，他笔下的桥不仅仅是具有交通功能的构筑物、飞架起来的通道，还有着更多的功能之外的意味，可以在打开世界的同时把天地人神聚集于自身——这不正表明了桥的可靠性，桥的"器具之器具因素"吗？既然要寻获桥的世界、桥的可靠性，只需要通过观察现实中的桥就可以做到，为什么农鞋却只有在画框里才能打开它的世界、显示它的可靠性呢？如果给器具加上画框并非多此一举的话，画框的意义又是什么呢？

  法国解构主义哲学家德里达很看重画框对于画作的意义，认为存在于画作边缘的画框不只是单纯的附属物、装饰物，还是连接作品内外、支撑作品中心内容的框架，具有超越符号形式表面，决定画作意义的语义。画框不仅是作品与周围空间的物理界线，起到隔绝环境、突出中心的作用，同时是作品具有可读性的前提，产生了话语构成的界限，成为作品和环境共同的"上下文"。画框作为文本参与艺术，是连接作品内外、铆合边缘与内部结构的支撑点，不仅是视觉上的旁观者，也在话语构成中决定绘画意义的生成。①

  如果直面一双现实中的农鞋，我们会看清它的质地、了解它的用途、知道它的位置所在，很有可能还知道它的主人是谁。但如果面对的是一双画中的农鞋，我们就无法确定它的位置、它的归属，甚至无法在上面找到可以暗示农鞋用途的泥点。② 因为有了画框，我们被剥夺了对农鞋的常识性认识，忽略了它的实际用途，我们看到的既不是一双刚从某位干完农活的农妇脚上脱下来的农鞋，也不是一双摆放在某间农舍里的农鞋，而只是一双孤立的农鞋。也正因为这样，我们才会去思考鞋作为器具的本质，看到它作为存在者进入无蔽之中，器具之器具因素才会摆脱现实的遮蔽向我们接近。若用现象学的话

---

① DERRIDA J. The Truth in Painting[M]. Chicago：University of Chicago Press，1987：60-61.
② 海德格尔. 林中路[M]. 孙周兴，译. 上海：上海译文出版社，2013：18.

语来解释,可以说,正是画框掩盖了农鞋现实中的视域,让我们迷失了它实际的位置、归属和用途,或者说,把农鞋的现实状态在意识里悬置或边缘化了。与此同时,我们看到了农鞋不同于惯常的、"疏异"的一面,能够通过画中孤立的鞋去想象它可能拥有的潜在的周围世界。正因为此,德里达指出,画框使作品在视觉范围内获得独立,排除周围环境的干扰与迷惑,保证意义在纯粹的语境中得到正确的解读。一旦拆除画框,绘画中的真理也就不复存在了。①

当然,就算没有画框的作用,当我们长时间地审视一双现实中的鞋直至出神,我们也会忘了身边的现实世界,忘了自己和鞋身处何方,忘了鞋的真正主人是谁,而陷入对鞋的本质思索,陷入对鞋和它的主人如何存在于一个更为广袤的审美世界里的想象。就如同河面上的桥,现实中人们只是在桥上随意地来回穿梭,使用它的功能却忽略其本身的存在,即便意识到其存在也只会关注其有用性而不会去思考它的可靠性。唯有海德格尔这样的思想者才能看出桥的更多超越功能的内涵,且无须借助画框的帮助。但又正因为一旦有了画框,这个对事物"出神"的过程就会大为缩短,只要走近表现该事物的作品,我们就会"突然进入了另一个天地,其况味全然不同于我们惯常的存在"②。

我们对场所的体验也与此相类似。在现实生活中,我们时常会在意料外的不经意中发现熟悉的场所以往不被注意的另一面,或是对某场所长时间凝视后出神,以至于对现实环境的意识退居到了边缘状态,而导致了对周边环境的陌生感,对现实所在的迷失,这就是一个悬置周围环境的"现象学的还原"的过程。但如果是观看艺术作品中再现的现实场所,比如绘画、相片或视频中出现的某个熟悉的场所,则不需要不经意的瞬间或长时间的出神,几乎肯定会感到画面中

---

① 郑鸥帆.画框变成文本:德里达视角下"画框"的语义转化[J].上海视觉,2022(1):67-71.
② 海德格尔.林中路[M].孙周兴,译.上海:上海译文出版社,2013:20.

的场所和现实中有所差别。从这个意义上讲,作为再现艺术的门类,绘画和摄影都起到了再现现实场景,同时重塑现实场景的作用,并由此帮助我们实现对现实场所的迷失,让我们直接跳过"悬置"或"还原"的步骤,不需要被动回忆或出神的铺垫就能够直接领略场所在日常生活中被掩盖的美,发现它不被注意的另一面。绘画、摄影这样的静态艺术尚且如此,更不要说动态艺术了。以电影为例,每一帧图像都是对现实场景的重现,它们在时间维度上组合在一起,彻底改变了我们认知外部世界的方式,并使现实场景在这种变化的作用下焕然一新,如电影理论家克拉考尔所言:"电影使我们千百次地体验到这种类似的感觉。它让我们对习见的事物感到陌生,从而彻底暴露它们。"①

如果这"习见的事物"是器具的话,则被"彻底暴露"的就是它平时不被人关注的可靠性。

为什么"被暴露"的现实会和我们习见的现实有所不同?首要原因在于对大环境的遮掩,而导致了视域上的迷失。我们对周围环境的认识总是整体性的,而不是片段的、局部的,当画框遮住了现实场所的周边视域,使我们难以通过对整体环境的把握来识别它,就会产生对现实场所的错觉。另一个原因在于媒介引发的视角变化。克拉考尔指出,电影能让我们对习见的场景感到陌生,是由不平常的摄影角度所致。② 虽然文艺复兴时的画家就已经懂得了透视法则,镜头更是能如实展现透视效果,但在二维的相纸或屏幕上呈现的透视毕竟不同于有纵深感的三维实景,也会造成和现实的差异。除了角度外,距离的变化也是一个重要因素,而这又和由媒介所产生的氛围变化相关。本雅明将"自然事物的氛围"定义为"一定距离外的独一无二显现——无论它有多近"。在夏日午后悠闲地观察地平线上的山峦起伏或一根洒下绿荫的树枝,就是在呼吸山和树枝的氛围。而艺

---

① 克拉考尔. 电影的本性[M]. 邵牧君,译. 南京:江苏教育出版社,2006:76.
② 克拉考尔. 电影的本性[M]. 邵牧君,译. 南京:江苏教育出版社,2006:77.

术品通过再现的手段克服了事物的独一无二性——如果说绘画作品本身还具有一定的独一无二性的话,日益发展的大众传媒则靠着摹本和复制品把这一点都给取消了。于是事物脱离了其外壳,氛围被彻底摧毁了。① 我们通过艺术品或媒体看到的,都是被篡改过的,缺乏真实体验中那种独一无二氛围的场景。

有的时候,甚至无须通过特定的艺术品或媒体,当我们坐在室内透过落地玻璃看室外,或坐在车厢里透过车窗欣赏车外的风景,都会感受到不同于身处外界场所、"裸视"周围环境时的切身体验,仿佛眼前是表现另一场所的一幅风景画,或是一段视频。由窗框和玻璃所产生的效果,就如同画框和屏幕一样,让我们进入了另一个天地,看到了异于现实中习见的环境。这不仅因为窗框和画框一样,可以起到掩盖周边环境、暴露细节的作用,还因为玻璃所产生的距离感和隔离效果。我们对场所的体验不仅是视觉上的,还有身体的其他感官,对阳光、尘埃、气温的知觉都会影响我们对现实的整体感受,这些都是被玻璃窗所阻挡,同时也是被影像画面所过滤掉的。即便当下阳光和煦、温度适宜,也比不上去掉这些外界因素,单纯剩下视觉效果来得更为理想化。当我们坐在行进中的车厢里看窗外,就会产生类似观看电影画面的效果,玻璃的隔离效果造成了类似镜头的距离感,车厢里座位的位置也改变了我们惯常观察环境的方向和角度,如同不平常的摄影角度一样,这些因素都影响了我们对外界场所的感官体验。

海德格尔认为,既然我们是生活"在世界之中"的,我们"对世界的认识"就不能陷入外在的、形式上的解释,主体和客体同此在和世界不是一而二、二而一的。② 按照这一观念,即便我们的每一种感官对某场所产生知觉的时候,是把该场所当作客体化的对象来认知的,

---

① 本雅明.经验与贫乏[M].王炳钧,杨劲,译.天津:百花文艺出版社,1999:265-266.
② 海德格尔.存在与时间[M].陈嘉映,王庆节,译.北京:生活·读书·新知三联书店,1999:70.

我们对场所的整体体验却绝不仅仅是各感官知觉的简单叠加，我们和场所的关系也不是简单的主客关系。而绘画、摄影、电影这些造型艺术所做的，恰恰是把我们生活于其中的、和我们"共在"的场所作为对象，客体化地置于我们面前，供我们审视。这样的结果，自然就是把视觉从对场所的综合感官体验里剥离、孤立了出来，从而改变了我们对场所的惯常认识，使我们对日常的事物产生了陌生感或者说疏异感。克拉考尔认为，电影具备揭示的功能，能让我们看见正常条件下看不见的东西，其中之一就是"头脑里的盲点"：习见的东西。我们平时总是对习见的东西视而不见，并非因为我们避免见到它们，而是不假思索地以为自己看见了。熟人的脸、每天走过的街道、居住的房子，这些东西已成为我们生活中的一部分，甚至像是我们身体的一部分，早已熟记于心，不再是感官的对象，要用眼睛去盯着的目标了。而电影镜头能把我们所熟悉的情境加以分解，使观众注意到此前未加留意的现象。当银幕上出现我们从小就熟悉的建筑、街道和风景，会让我们既觉得熟悉，又仿佛是身边的无底洞里冒出的新鲜形象。打个比方，当一个人回到自己的房间，如果某样东西在他不在时被挪动过了，他立刻会感到不自在。但要找出不自在的原因，他就必须仔细检查房间，使自己和房间之间隔出一段距离，才能发现哪里发生了变化——电影所造成的效果，就是通过摄像机和荧屏在我们和熟悉的场所之间隔出距离来。① 本雅明把对习见的事物视而不见的现象归咎于"视觉无意识"，这种无意识只有通过摄像机才能被我们所知晓。摄像机所展现的事物与眼睛所看到的有着性质上的不同，其原因就在于人有意识贯穿的空间被无意识贯穿的空间所取代②。换句话说，是摄像机在逼迫我们去看被"视觉无意识"所忽略的那些习见的东西，克拉考尔所说的检查房间的过程就是将视觉无意识转变为

---

① 克拉考尔.电影的本性[M].邵牧君,译.南京:江苏教育出版社,2006:76-77.
② 本雅明.经验与贫乏[M].王炳钧,杨劲,译.天津:百花文艺出版社,1999:284-285.

有意识的过程。

  克拉考尔认为电影跟绘画的不同之处在于,电影形象的主要原料是未经消化的素材,所以能够剥夺事物身上被我们视而不见的各种特点,将它们如实地暴露在我们眼前。① 正是在这个意义上,克拉考尔将电影的本性定义为"物质现实的复原"。其实回顾艺术发展史,可以看到:对现实世界的如实"暴露"早在摄影和电影这两门被本雅明称为"机器复制时代的艺术"诞生之前就已经开始了。如果说,自乔托开始的文艺复兴绘画风格如实再现了人物形象和现实事物的透视关系,这还是在帮助我们去有意识地观察,主动去认知对象的话,那么,由莫奈开创的印象派绘画则通过对自然界光色的如实再现,教会了我们去认识被视觉无意识所忽略了的真实自然。但即便印象派画家对瞬间的光感表现得再逼真,画面所营造的氛围也不是现实场所的真实氛围,而仅仅是从综合体验中单独抽取出来的,被视觉所感知的那一部分。从消极的意义上说,我们无法通过造型艺术完全地再现现实,再现对现实的真实体验;从积极意义上说,对艺术的再现造成了现实事物的疏异,使我们看到它们不同于寻常的一面——或是器具的可靠性,或是一个被打开的世界。在普鲁斯特看来,摄影艺术的精彩之处就在于此:

  我们已经经历了人们称之为自然景色和城市的"精彩"摄影阶段。业余爱好者在这种情况下使用这个形容词到底指的是什么呢?要想说明白,我们就会看到,这个形容词一般是用来指一个熟悉的事物所呈现的奇特形象。这个形象与我们司空见惯的不同,奇特然而又是真实的,因此对我们来说倍加引人入胜,因为这个形象使我们惊异,使我们走出

---

① 克拉考尔.电影的本性[M].邵牧君,译.南京:江苏教育出版社,2006:79.

了常规,同时又通过唤起我们一种印象使我们回归到自己。①

看来,造型艺术或者说再现艺术之所以能让人感到美,不仅是因为对现实事物的如实描摹,还在于对现实场景"疏异化"的"暴露"。卒姆托盛赞画家爱德华·霍珀,认为他的作品表明:"在日常平凡的事物中有一种力量,只有当我们注视良久时才能发现它。"②画家的功劳就在于替我们完成了"注视良久"的过程,直接把被发现的内容通过绘画呈现在我们眼前。超越现实,唤起记忆,美就这样产生了。当然,反面的现象同样成立。在某个现实场所中的某个特定时刻,在建筑的材质、尺度、光影效果以及当时本人心情的配合下,我会发觉场所呈现出一种独特的氛围——用斯蒂文·霍尔的话来说——这就是具有强烈审美倾向的"纠结的体验"。而当我用相机将它拍摄下来,被剔除了其他感官而唯独剩下视觉形象的场所,在相片中恐怕就只能呈现出一番平淡无奇的景象了。建筑效果图也是如此,佩雷兹-戈麦兹就认为:无论效果图做得多么逼真,也终究是存在于二维图纸上,缺乏深度的"仿像",无法和现实场景画上等号。卒姆托指出了建筑画和建筑实体之间的辩证关系:建筑画试图精确地表现出建在预期地点的建筑之气氛,但恰是这种努力使它描绘出了真实对象的缺失。于是就可能产生两种结果:如果我们意识到任何绘画都无法如实地表现实物,并因此对实物保持充分的好奇心,我们就还会渴望实现它;但如果建筑画在表现实景和绘画技巧方面过强,以至于我们丧失了对表现对象的想象和好奇,那么建筑画本身就成了我们期望的对象,我们对实现建筑实体的热望也就衰竭了。③

---

① 普鲁斯特.追忆似水年华·第二卷[M].李恒基,徐继曾,译.南京:译林出版社,2012:389.
② 卒姆托.思考建筑[M].张宇,译.北京:中国建筑工业出版社,2007:17.
③ 卒姆托.思考建筑[M].张宇,译.北京:中国建筑工业出版社,2007:12-13.

第二节　艺术作品中的空间营造

一、画幅外的空间延伸

作为造型艺术，无论绘画、摄影还是电影都必然受到画幅的限制，所以我们最多只能从画面中看到环境的一部分，但也正因为和外界视域的割裂，我们可以通过画面联想到更多超越画幅局限的场景，引申出画幅外的更多意象空间，并引出更多未知的潜在世界来。

画幅的这种双重特征——既限制取景范围，又让人想象画面外的场景——时常被运用在绘画创作中。房地产商或旅行社在绘制效果图或拍摄宣传照时，总会避开楼盘或景点周边不好看的地方，把它最美丽的面貌呈现给公众，让人觉得该楼盘或景点正位于一个优美的大环境中。而早在古代，一些画家就已经通过场景的取舍来暗示画面外更多的空间了。典型的例子如南宋画家马远和夏珪，因为在构图上大胆剪裁，突破全景而截取边角片段之景，故被称为"马一角""夏半边"。这种画风给了观众充分的想象空间，不在画面上完全展示主题，而深藏含义于画面之外，同时充分体现了中国传统艺术重写意而非写实的特点，追求的是象外之象、味外之旨的意境。

英国园林理论家阿普尔顿在《风景的体验》一书中从不同角度分析了人对风景的美学体验，既包括现实的风景和画中的风景，又包括风景本身和观看风景的位置。他指出：人对风景的审美体验并非纯粹出于精神上的需求，而是建立在被遗忘了的生存需求上的。从各种现实中和绘画所呈现的风景中，阿普尔顿归纳出了风景所构成的三种象征符号，分别暗示了视野、庇护与危险，符号之间也可以相互混搭或取得平衡。典型的象征"视野"的画面是"桥与路"和"山顶上的塔"：通向桥的路和作为远景的山顶上的塔都能在构图上起到强烈预示着远方未知风景的作用。能表现"庇护"性格的画面元素则包括林中的农舍、晚景中的暗影,以及以木栅栏为背景的夏日小屋。还有的风景则既象征了远望的视野又含有庇护的意味,比如远景中的教堂尖顶,因为距离和地形造成若隐若现的效果,预示了远方的风景,同时又体现了远方的庇护和供人安歇的场所。[1] 可见,阿普尔顿所指的"符号"不仅仅是通常意义上的图形,还包括光影明暗造成的场所整体氛围,正是这些氛围给人带来了期待或安全感。而"视野"对远方景物的预示则可以用我们之前分析过的,在陌生场所中针对下一个场景产生的"先示的视域"来理解。

远方的教堂在构图中提供了远处的风景和庇护的混合,有的构图元素所提供的混合符号则是近处的庇护和远方的风景——阿普尔顿认为,画框的意义不仅在于限制画幅,还在于能用庇护框住远景,尤其在表现内向型空间的作品中可以起到双重作用。比如一幅表现室内场景的绘画作品,如果在背景的墙上开一扇窗,则它既能限制室内的庇护空间,又能通向室外的敞开空间,直至无限。如荷兰画家扬·范艾克的画作《罗林大臣的圣母》(见图2),人物身后的背景是室外的露台,在露台边缘的柱子之间显现出一条河,它向远处流淌并消失在地平线上。又如德胡克的作品《代尔福特的一个房子的院子》(见图3),画面右侧院墙的上方,院子外乔木的树冠探出半个头来,预示了院子外的景物;左面是一条透视感很强的向外延伸的拱廊,尽端的门半开着,露出外面的些许街景。阿普尔顿认为这样的构图会造成独特的感觉,如同一个喜欢打探他人隐私的老妇人总是躲在墙后面,透过窗帘偷窥外面的街景。在他看来,能够看见他人同时不被他人看见的状态可以满足很多需求,而起到这个作用的环境则成为立

---

[1] APPELTON J. The Experience of Landscape[M]. New York: John Wiley & Sons, 1996: 108 - 112.

图 2　扬·范艾克　《罗林大臣的圣母》

即给人美学享受的源泉。① 这种窥视的状态也出现在其他文艺作品里,比如本雅明在分析巴黎的都市大众时所举的例子就包括爱伦·坡笔下坐在咖啡馆的窗户后观察外界的叙述者,以及霍夫曼笔下坐在位于街角的公寓里居高临下地审视人群的表弟。② 相似的,还有悬念电影大师希区柯克的名作《后窗》:因腿伤而在家休养的记者通过后窗窥视对面的房屋,却无意间发现了一起凶杀案。段义孚在区分"地方"与"空间"的概念时指出,地方的性格是安全稳定,又具有束

---

① APPELTON J. The Experience of Landscape[M]. New York:John Wiley & Sons,1996:114.
② 本雅明.巴黎,19世纪的首都[M].刘北成,译.北京:商务印书馆,2013:218.

图 3　德胡克 《代尔福特的一个房子的院子》

缚性的；空间是开阔自由，又令人感到恐惧的。① 根据阿普尔顿的分析，窗框在画面中所起的作用恰是将二者的优点结合在了一起：既营造了内在的安全的地方，去除了暴露于外界的恐惧感，又将视野向外无限敞开，暗示了自由的外部空间，从而消除了狭窄的室内引发的拘束感，形成了"有视野的庇护所"。这也符合人通常的习性：在餐厅里，最受欢迎的总是靠墙和靠窗的座位，前者让人感到安定，后者则

---

① 段义孚. 经验透视中的空间和地方[M]. 潘桂成，译. 台北："国立编译馆"，1998：4.

提供了开阔的视野,还能满足人在安全的暗处扮演"偷窥者"的心理。

无独有偶,哈里斯也认为门和窗能表达外部和内部世界相互矛盾的关系:画家就总是让我们待在隐蔽的室内,去望着窗外无法触摸的世界。在卡斯帕·弗雷德里希的画作《窗边的女人》(见图4)中,发亮的外界代表着自由,桅杆暗示了通向远方的旅行,拥挤不堪的室内则令人窒息,仿佛监狱一般,室内外景象造成了严重的冲突。

图4 卡斯帕·弗雷德里希 《窗边的女人》

与之形成鲜明对比的是爱德华·霍珀的《海边的房子》(见图5)，画面中敞开的门使得室内阳光充足，大海伸手可及，开放的四壁战胜了四壁的束缚。① 通过阿普尔顿和哈里斯对画框及门窗的研究，能让我们更好地认识绘画对场所的呈现效果；同时，对风景中暗示远处"视野"的分析，也有助于我们理解对陌生场所的认知过程。

图5 爱德华·霍珀 《海边的房子》

与绘画相比，作为动态艺术的电影虽然重塑现实、暴露现实的效果更强，但在勾起公众联想的效果上却要差一些，因为电影本身就不是一种适合联想的艺术。用本雅明的话来说，绘画能让观众定心凝神地欣赏和冥思，而电影这门"机器复制时代的艺术"则只能供人心神涣散地消遣——在电影问世之初，就有作家抱怨其活动的画面会赶走人的思想，令人无暇思考。② 试想，海德格尔面对的若不是梵高

---

① 卡斯腾·哈里斯.建筑的伦理功能[M].申嘉,陈朝晖,译.北京:华夏出版社,2001:190.
② 本雅明.经验与贫乏[M].王炳钧,杨劲,译.天津:百花文艺出版社,1999:287-288.

笔下静态的画作,而是不断变换画面的电影屏幕,恐怕也无暇去思考屏幕之外是否还有更多潜在的世界。

即便如此,电影镜头依然可以借助建筑元素来暗示空间的延伸。建筑传媒学者周诗岩发现,意大利导演安东尼奥尼就很擅长借助墙和窗的形象来诠释人与环境的关系,表现人的孤独感和对自由的渴望。在影片《奇遇》的一个经典镜头中,右侧整整一半的画面被一堵墙所占据,左面则是开阔的海面,以及海面上的岛屿。一边隐喻了现代社会中人际关系的疏离与隔阂,另一边则展现了海阔天空。在《红色沙漠》中,女主人公贯穿全片始终靠墙行走,似乎在寻找某种依靠,又隐喻了世界的无处可避,同时表现了人物对墙外自由天地的渴望。在这里,墙作为围合构件既标志着边界,又暗示了边界外的存在;既有明确的拒绝性,又有潜在的诱导性。① 而在同一部影片里,女主人公住宅的条形窗外,巨大的轮船正从港口启航,令人想起弗雷德里希《窗外的女人》中窗外的桅杆。与此相反,在安东尼奥尼的另一部作品《蚀》中,当女主人公拉开窗帘,看到的却是一个如蘑菇云一般的水塔,仿佛在告诉她:自由触手可及,但是转瞬即逝。国内导演贾樟柯显然受到这个镜头的影响,类似的画面出现在《三峡好人》中,只不过当女主角离开窗前,窗外同样丑陋的烂尾纪念碑却如火箭一般升空,飞走了。和墙的性格相反,窗既象征自由和逃离,又暗示了无处可逃的无奈。这两个双重性格的元素在电影中的运用,恰好诠释了海德格尔的观念:空间是被释放到一个边界中的东西,而边界并不是某物停止的地方,相反,边界是某物赖以开始其本质的东西。在由位置所设置的诸空间中,总有作为间隔的空间,而且在这种间隔中,又总有作为纯粹延展的空间。② 阻隔和延伸是一对辩证的存在:正因为有了隔断作为空间的边界,才引发了对边界外延伸空间的想象。

---

① 周诗岩. 建筑物与像:远程在场的影像逻辑[M]. 南京:东南大学出版社,2007:43.
② 海德格尔. 演讲与论文集[M]. 孙周兴,译. 北京:生活·读书·新知三联书店,2005:162-164.

二、"法境"视角下的中国园林

2001年,霍尔在访华之旅的一次演讲中以苏州网师园为例,盛赞中国古典园林是"超现代建筑的微缩模型"。在他的启发下,国内不少人开始借助现象学理论来诠释中国园林艺术。事实上,彭一刚先生早就指出,中国古典园林中对"诗情"的感受不光通过视觉来传达,而是综合运用了一切可以影响人感官的因素来获得意境之美,而这种手法在国外直至当代才被建筑界所关注。他同时还指出,佛家认为人有眼、耳、鼻、舌、身五根,能认识色、声、香、味、触五境,此外还有一个"法境",需要靠"悟",就是领会和想象去认识。[①] 可以说,如今园林界对现象学的借鉴往往只考虑了"五境",却忽略了"法境",即意识对各种感官知觉的综合,以及由此产生的回忆和想象。毕竟,中国传统园林的一大特色就是注重人的心理体验,通过建筑和自然景物的组合打造各种空间,用有限的景观创造深远的意境,烘托出不同的环境氛围,达到诗情画意的审美境界。

不同于绘画与电影这样的再现艺术,中国园林有一套营造现实空间的艺术语言,常采用借景、分景、隔景等手法来实现独特的空间效果。以北京的颐和园为例:站在长廊东头的鱼藻轩西望,可以看到远处的西山群峰,尤其是玉泉山上的宝塔,从而扩大了视野,是为借景;贯通东西的长廊将整个园子分为北面的山区和南面的湖区,起到步移景换的效果,是为分景;园中又隔出一个谐趣园,造成一个自成格局的江南风格的"园中之园",是为隔景。以上种种,都是运用建筑手法来丰富园林中的空间层次,以达到扩大空间,小中见大的目的。[②] 中国园林还有一个重要特征,就是不会让景色一览无余,而是"犹抱琵琶半遮面",各个院落之间虽然分隔却不闭塞,彼此流通,似分似合,隐约互见,形成丰富的空间层次。或在入口处设置假山或照

---

① 彭一刚.中国古典园林分析[M].北京:中国建筑工业出版社,1986:12.
② 彭吉象.艺术学概论[M].北京:北京大学出版社,2006:94.

壁,或建一条狭窄曲折的游廊,显出幽深曲折的空间特点,让人无法一眼看到尽头,却令人感觉那一边会有独特的景物。这些手法的目的就是引导与暗示,所谓欲露而先藏,欲显而先隐,让人对被隐藏的景物充满好奇,又在期待中被不知不觉地引到它面前。有的时候,这些被暗示的内容甚至并不存在,比如在庭院墙上开出一扇花窗或月亮门,露出墙后面的些许片段,造成"一枝红杏出墙来"的意境。墙的背后或许并无太多真实景物,但就是不经意地探出几片树叶或半峰山石,让人误以为那里别有洞天。对游客来说,重要的不是墙的另一边果真有什么,而是那里"看起来"会有些什么。可见,无论绘画、电影还是园林艺术,也无论东方文化还是西方文化,在利用有限的元素表现无限延伸的意象空间上,采取的手法是相似的。

通过激发想象来拓宽景域的手法在中国园林中还有不少,比如江南园林中对水面的处理。虽然是人工挖掘而成的水池,但把水面延伸于亭阁之下,或止于屋角,或由桥下引出一弯水头,即可造成水体"有源无头"、源远流长的假象。又比如使假山的形状堆成山趾一隅,止于界墙,犹如截取了大山的一角,隐其主峰于墙外。[①] 一个典型实例就是苏州网师园,园中的彩霞池仅半亩见方,亭台楼阁依水而设。水池由西北向东南铺开,原本通向园子外面的河道,但后来东南方水域被填平,却留下一段细小水湾"槃涧",直绕到南岸小山丛桂轩的后面,上面还架起一座仅两米长的石拱桥(见图6)。虽然这条细流实际上很快就戛然而止,但从园内望去,水面引出一条小溪穿过桥洞伸向远方,原本一潭死水就变得灵动活泼,仿佛绵延不绝,源流不尽。藤蔓从水边的围墙上向上蔓延,直至从万卷堂山墙上探出头来,在白墙的衬托下显得郁郁葱葱,映衬出隔壁庭院广深、树木、枝繁叶茂的景象(见图7)。通过运用这些手法,原本局促的空间也能令游客浮想联翩,余意未尽。

---

① 潘谷西.江南理景艺术[M].南京:东南大学出版社,2001:135.

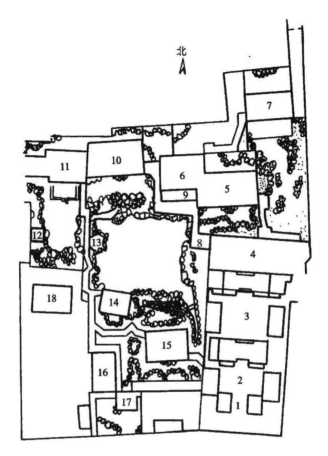

图 6　网师园平面，图中标号 15 为小山丛桂轩，标号 3 为万卷堂

暗示空间延伸的手段除了扩展视线外，还可以借助其他感官体验来实现，前提是保证人体与外部环境充分融合，能通过运动的身体感知周围空间。按照梅洛-庞蒂"知觉现象学"的理论，在我们与世界的互动中，依靠身体与外界事物形成联系，身体是我们体验与感知世界的中心。如果没有身体的接触以及借助运动获得的感知，我们是无法仅凭借视觉和思想来获取对世界的真实认识的，只有身体才能和视觉景象一起形成一个系统。比如当我生活在一个寓所中，哪怕

图 7　网师园彩霞池东南角

我能通过画出它的平面图来看到全面景象，能在思想中想象并俯视它，如果我不能依靠身体的体验，通过运动的各种位置意识到自己身体的统一性，我就无法通过寓所在不同位置呈现的外观断面来判断它的统一性。①

中国园林很注重利用人的综合感官来体验环境，虽然被誉为微缩宇宙，擅长在狭小空间内创造丰富的景观，但无论如何"聚拳石为山，环斗水为池"，一切景物都是以人为尺度来打造的。相比之下，与中国园林同根同源的日本枯山水就是彻头彻尾的微缩景观，不仅以石代山，甚至以沙代水，人只能作为旁观者依靠视觉认知再加以冥想，方能领会其对宇宙的象征寓意。中国园林则有所不同，景物体积即便再小，也绝不是将自然界原型同比例缩小，而必须能满足人的知

---

① 梅洛-庞蒂.知觉现象学[M].姜志辉，译.北京：商务印书馆，2005：262.

觉,让人融入其中,人与园中山石、水体、植物的尺度关系跟人与自然环境的尺度关系是一样的。只有这样,游客才能在拳石斗水中感知山峦湖泊,通过身体的运动体验咫尺乾坤,而不是如巨人一般在微缩的小人国中穿行。堆山叠石的造园手法就是对人体尺度的最好诠释,以苏州环秀山庄的假山最为典型。虽然园内空间不大,山体规模也有限,高不超过 6 米,却布满自然界山峦的各种元素,涧谷纵横交织,洞壑曲折蜿蜒,造出千山万壑的意境,咫尺山林的野趣。只要保证和常人身体尺度相契合,就能使人在危径飞梁之间穿行时也感到曲折不尽和扑朔迷离,时而登上峰峦之巅,时而沉于幽谷之底,犹如置身迷宫一般。再加上山峦石壁脉理自然,不露人工痕迹,浑然天成,更让游客在与山石的肌肤接触中有身临其境之感,仿佛身体所及的空间之外便是群山峻岭。

旅美建筑学者缪朴认为,东西方园林虽出自不同的文化背景,看起来大相径庭,却在不同外表下隐藏了共同的内涵,其中之一就是都试图营造一个无止境的空间:园林通过对延伸的暗示,呈现出尽可能大的空间,表现了对人生更多自由、更多空间的追求。障碍虽然限制花园的边界,却可以使外面的环境看上去无限延展,激发游客对外界的想象,无论颐和园还是法式花园都不例外。比如庞恰特雷恩的皇家园林的轴线被设计成正对着远处山上的十字架,使花园仿佛也渗入了远处的风景,这一手法同颐和园借西山之景的手法一模一样,体现了东西方园林设计师在对各种尺度的园林进行空间延展上的异曲同工。[①] 设计者能做到的,只是预示了更多意象空间的可能性,而具体的内容则要靠游客用个人的经验或者想象去填满。

中国园林不仅注重人在静态中对景观的体验,更看重人在行进中的视觉感知。欧式园林强调几何图形和整体美,要求站在主要视点上的人看到尽可能壮观的画面,故而表现力大都集中于一个主要

---

① MIAO P. Worlds Apart: Common Meanings in Classical Gardens of East and West[J]. Landscape,1992,31(3):41-42.

视野,展示出凝固的空间属性。与之相反,中国园林追求空间的流动性,引导观众一个接一个、一步又一步地观景探景,观赏路线也不作捷径直趋,而是曲折萦回,以求境之深、意之远,让人在游览过程中体验"步移景异"的效果。作为审美主体,游客在缓缓"步移"中进行审美,视线中的景物随着视角的不断位移,在远近、高低、显藏、前后与断续等层次关系中不停变换,产生无数景观,令人目不暇接。[①] 这种游览过程,是将园林之美的无限丰富性徐徐展开的时间历程,体现了中国园林的本质不仅是空间性的,也是时间性的,宛如一幅生动的山水画长卷,逐渐呈现出通幽之境、流动之势、烟云之象。

同为具有时间属性的艺术,音乐由于旋律自身的规律性,展开时往往能不断应验听众脑海中的期待,而文学作品的发展则时常会和读者的期待有所差异。观赏中国园林的过程有点类似于阅读文学作品,由经验提供的期待会不时地被实景所打破。倘若观众被园林中的实景诱导,作出了墙内春色满园、桥后源头深远、墙外峰峦叠嶂的判断,而多走几步后发现事实并非如此,就会有失望的情绪。但另一方面,造园者也会带给人更多的意外之喜。比如苏州留园,它的特点就是布局紧凑、空间变化多端。从园门进入,要先进入一段60余米长、曲折、狭窄、时明时暗的走廊与小院,通过这段视觉较为收敛的"序幕"后,即可到达主景所在的"涵碧山房",此时视野豁然开朗,景色山明水秀。这里成功地运用了以小衬大、以暗衬明、以少衬多的对比手法,获得了"山重水复疑无路,柳暗花明又一村"的雅趣。正因为意识中滞留和期待的存在,我们才能强烈体验到不同景观之间的对比,又因为实景和期待之间的反差,才使得这些先抑后扬、柳暗花明的体验充满了惊喜与快感,"步移景异"的视觉效果由此升华成为审美体验。

若将中国园林和大尺度的城市景观做对比,后者则通常是在一

[①] 封云.步移景异:古典园林的游赏之乐[J].同济大学学报(社会人文版),1997,8(2):11-14.

个较长的时间过程中,由各种偶然条件叠加而形成的,经过完整而详细规划的大城市毕竟是少数。中国园林则无论景观元素还是游览路线大多经历过刻意安排,造园者在构成画面的同时塑造空间,在空间的维度中释放时间属性,引导游人在不断被牵引前行的过程中感受景致的纷繁变化,在时间中不断丰富对空间的认知,加以联想和想象,生成超越本体空间的意境空间。① 这里的"意境空间",指的就是那些现实中未必存在,却能和实景一起在游客意识中共现的景观所在,既包括每一个当下超过目力所及的景观外环境,也包括对行进中在下一个瞬间即将出现的新场景的猜测。而这些意向空间中的景物既来自现实中景物的诱导和暗示,也来自游客的联想和对过往经验的回忆,它们因人而异,无限开放,无穷无尽,同时体现了佛家对"法境"所要求的领悟。正因为有了"步移景异"的手法,景致的丰富性得到了强调,空间在变化中获得了节奏感,游客则在多样体验中获得对园林的整体印象。由于园林的各个庭院空间并非并列关系,而是一个整体,故而当人漫步在其中获得各种联想时,也能获得对园林风貌的整体印象,就像在阅读完一本书的各章节后把握了整部作品的主题。

空间序列丰富也是中国园林的一大特色,不少园林通过空间组织打造了固定的观赏路线,还有一些园林空间组成复杂,导致观赏路线往复、迂回甚至循环。依然以留园为例,园内有多条观赏路线可供选择,正是因为路线的不确定性,游客会在看似偶然的安排中获得满足,而无论选择哪一条,都能借大小、疏密、开合的对比获得抑扬顿挫的节奏感。② 如果游客先后因循不同路径游览某个园林,或因为路线的往复而反复路过同一景观,就会对该园林或该景观产生完全不同的体验,再加上原本通过步移景异获取的多样感受,更加重了园林

---

① 陈丹,孟凡玉. 无限维空间中的点:以留园为例,解析步移景异的空间涵义[J]. 武汉:华中建筑,2009,27:173-177.
② 彭一刚. 中国古典园林分析[M]. 北京:中国建筑工业出版社,1986:40.

有限景物与空间所产生的无穷变化。有时候因为路径的不同,当游客两次路过某一场景的时候,甚至会无法判断其同一性。张家骥先生曾提到过一则事例:众游客游览拙政园时,先后两次穿过"海棠春坞"。第二次经过时,竟无人能认出这是刚才光顾过的院子。[①] 通过此例可以看到,哪怕空间和场景自身没有变化,但只是游览序列发生改变,就会带给游客不同的观景体验,甚至让游客感知到不同的景观。究其原因,是因为不同路径导致我们意识中的"滞留"有所差异,对同一景观就会做出不同"立义"的判断所致,就如同前文所例举的"鸭兔图"实验一样。

三、世界——意象空间的延伸方向

缪朴认为,人在现实生活中会时不时地萌发一丝对某个非实在的美好境界的向往,它可以是充满机会的未来,也可以是令人神往的童年,或是洋溢着爱的天国,展现真理的理想世界。在一个山地建筑小品的项目中,他为了表现人对这个神圣境界的向往,设计了一个位于山顶的观景平台作为登山旅程的"句号",隐喻了一个具有终极意义的空间在等待着被探索。[②] 一方面是时间层面上对不确定未来的无限筹划,另一方面是空间层面上对未知场所的无尽畅想,二者就这样通过建筑作品结合在了一起。

上述几种造型艺术都能够暗示现实空间的延伸,那么这个空间将延伸向何方?如果海德格尔所说的,由艺术品所"开启的世界"就是这个意象性空间延展的终点,那么它和现实空间是否有联系?克拉考尔认为,其他可见的现实世界进入这个世界后并不能成为它的一部分,比如一台舞台剧有自己的天地,一旦它和真实生活发生联系,就立刻粉碎了。[③] 所以,这样的世界只与艺术品发生联系,而不

---

① 张家骥. 中国造园论[M]. 太原:山西人民出版社,2003:99.
② 缪朴. 无限·另一个世界:园林小品两则[J]. 建筑师,1996,73:79-80.
③ 克拉考尔. 电影的本性[M]. 邵牧君,译. 南京:江苏教育出版社,2006:35.

存在于现实中。杜夫海纳分析了戏剧中的布景,认为它和电影镜头一样起到双重作用:一方面把审美对象局限在它的感性躯体之内,另一方面给再现的对象套上世界的光环——任何再现艺术都会给它突出的特殊对象背后设置一个背景,既映衬出对象的确定性,又暗示一个世界的不确定性。① 电影布景也是一样。德勒兹认为,布景无论多么大都不可能自我封闭成为一个整体,整体意味着开放,它穿过布景而与另一个布景相交,延伸至无限。② 这方面的例子是由奥逊·威尔斯执导的影片《审判》。法国影评人米歇尔·西蒙发现,该片导演像原著作者卡夫卡那样,让诸多不同时间、不同空间的时区在无限时间的背景上相互比邻,通过深景镜头让最遥远的区域直接同背景相连接。随着故事情节的发展,各个空间的差异在观众眼里逐渐消失,画家的房子、法庭、教室彼此进行沟通。③

舞台布景这种"既限制又暗示"的功能,和画框与墙的作用如出一辙,只不过舞台布景"不总是单单扩大再现的远景"④,它所暗示的世界也不仅仅是空间意义上的,还是情节意义上的,这个世界和戏剧人物以及由人物表现的情节息息相关。在杜夫海纳看来,再现的世界不是真实的世界,也不是完整的世界,再丰富的想象力都无法把它填补完整。然而纵然这个世界是不确定的,是闪闪躲躲、无法统一的,它在人的审美感官里却又是统一的。这种统一性从何而来? 杜夫海纳认为这种统一在于作品气氛的统一,而气氛的统一就是世界观的统一,它由作品的作者所决定,因为审美对象的世界就是作者的世界,审美对象能有力、准确地表现艺术家的世界,使艺术家的世界具有内容和统一。正因为此,这个世界是既开放又封闭的。说它开放,是因为它里面可以定性的对象是无限众多的;说它封闭,是因为

---

① 杜夫海纳.审美经验现象学[M].韩树站,译.北京:文化艺术出版社,1996:208.
② 德勒兹.哲学的客体[M].陈永国,尹晶,译.北京:北京大学出版社,2010:180.
③ CIMENT M. Les conquerants d'un nouveau monde [M]. Paris:Gallimard,1981:219.
④ 杜夫海纳.审美经验现象学[M].韩树站,译.北京:文化艺术出版社,1996:214.

它自身的凝聚力使所有对象都被盖上了作者的印章。这个世界不是按照客观时间和空间构建的,和世界里的对象一样,里面的时间和空间也是潜在而又统一的。① 这些观点很接近于梅洛-庞蒂对世界的描述:世界在事物被认识之前就已经有了抽象的规定,它的统一风格就像作家的个人风格一样,可以模仿却难以被定义。②

  杜夫海纳对作品的审美世界的分析多少有些片面,因为他说的具有"统一的气氛"的世界只来自于作者,而和观众无关。但在艺术领域,通过作品所打开的世界并非是唯一的,而是常变常新的。说作品的世界具有潜在性的特征,不仅因为这个世界里的对象是不确定的,还因为世界本身就是潜在的,每个人都可以从同一件作品中挖掘出一个打着自己烙印的世界。段义孚认为,无论小说、诗歌还是绘画、影视,任何艺术都可以塑造"虚拟的场所"。在对小说和诗的阅读中,我们会察觉到希望回归的场所或氛围;读到小说中触动情绪的特定部分,就像回到了人生中特殊的记忆。③ 段义孚所说的这个虚拟的、希望回归的场所,毋宁说就是他通过其他艺术作品打开、又体现自己风格的世界。每个人首先拥有一个根据个人喜好从大千世界中筛选出来的、属于自己的世界,当这个世界与某件艺术作品相通时,便又通过这件艺术品打开了一个新的审美世界。这个新世界和原先那个属于我们的世界风格一致,拥有虽然不明确,但是理想化的场景和情节,而当审美体验暂时完成后,这些新的场景和情节也被纳入了原先那个属于我们的世界中。无论是属于作者还是属于观众的世界,当它随着创作和欣赏的过程即将被打开,一切对象呼之欲出之际,便是海德格尔所说的存在即将"开抛"进入无蔽之时,而无论被动回忆中被唤起的记忆行将浮出意识表面的瞬间,还是场所迷失体验

---

  ① 杜夫海纳. 审美经验现象学[M]. 韩树站,译. 北京:文化艺术出版社,1996:212-217.
  ② 梅洛-庞蒂. 知觉现象学[M]. 姜志辉,译. 北京:商务印书馆,2001:414.
  ③ TUAN Y F. Place, Art and Self[M]. Charlatesville:Center of American Places,2004:19-28.

中对周遭氛围倾心的刹那,抑或审美时处于尚无法把握对象的、前反思的"绝对意识"中的短暂片刻,都是"开抛"状态的如实写照。杜夫海纳对此深有体会,他以"破晓"来描述这一时刻:

> 委尔麦尔画的内景所表现的恬静优雅不是限制在画面上的那些墙壁之内,它可以放射到无数没有出现的物体,构成一个世界的面貌,这个世界就是它潜在的世界……这个世界没有对象存在,它先于对象而存在。它仿佛是破晓时刻,对象将在这个时刻出现,一切对这曙光有感觉的对象,或者如果愿意这样说的话,一切能在这种气氛中展开的对象,都将在这个时刻出现。①

上面我们分析的艺术门类绘画、电影、园林和戏剧都通过视觉来直接表现空间,还有一门艺术则能够间接地表现空间,那就是音乐。只不过,音乐所营造的是虚拟的空间,它由听觉提供,是派生出来的想象空间。所谓"音乐是流动的建筑,建筑是凝固的音乐",不仅因为二者都追求形式构成的和谐,讲究韵律与节奏,还因为二者都可以塑造空间,只不过一个塑造的是具体的、外部的空间,另一个塑造的是抽象的、只存在于意识中的空间。很多时候,我们通过音乐所感知的是作品产生的环境,比如无论在音质效果极佳的剧院听现场演奏,还是听录音棚里录制出来的唱片,都会让我们感受到一个庞大悠远的背景,这就是拉斯姆森所说的"聆听建筑",这时候我们所"听"到的其实还是具体的现实空间。更多的时候,我们从音乐中"听"到的是虚拟的空间和场所,它来自于想象,这想象又总是和人的经验与记忆相关。

音乐理论家迈尔指出,音乐唤起情感经常要通过意识到的内涵

---

① 杜夫海纳.审美经验现象学[M].韩树站,译.北京:文化艺术出版社,1996:217-218.

中介或不自觉的想象过程。一瞥、一声或一阵芬芳都会引起关于人、地方和经验的半遗忘的思想,激起混合着记忆和愿望的梦。音乐可能引起自觉或不自觉的想象和一系列的思想,这与特定的个人内在生活相关,而我们无法知道关于这种不自觉想象过程的任何情况。——看起来这很像普鲁斯特对被动回忆的描写,只是引起普鲁斯特不自觉地回忆和想象的不是声音,而是点心的味道。迈尔认为,和音乐相关的记忆可以是集体性的,也可以是个体的。某些政治性的音乐,比如某个独特历史时期的宣传性歌曲就会同一代人的集体记忆相联系。还有的时候,这种记忆或想象只来自于个人经历:一个"快乐"的音调可能会因为某人特殊的经历而引起他关于忧愁场合的联想,表达胜利情绪的音乐也可能因为个人原因而唤起某人的羞辱与挫败感。所以,即使训练有素和饶有经验的听众,也难以摆脱在情感体验上根深蒂固的记忆的力量。[1] 这种记忆属于我们此前分析过的"条件反射"的情况,音乐和由它引起的记忆本无直接关系,但由于某些特殊的经验导致了相互间的内在关联,让人在听到音乐时立刻想起曾经历过的事、体验过的心情或是待过的场所,比如国歌和早晨的校园操场之间的联系。视觉艺术对现实的再现纵然再逼真,也很难让我们由视觉达成综合性的感官体验,听觉却可以轻而易举地做到这一点,让我们被音乐带入对往事全身心的回忆性体验中去。

除了和特殊经历的联系外,音乐还能唤起人的抽象情感,激发人的高峰体验。普鲁斯特描述优美的音乐能够"把他领到这里,把他领到那里,把他领到一个崇高、难以理解,然而又是明确存在的幸福。"[2]当人沉浸于美妙的音乐中时,往往会充满对未来理想之境的无限遐思。这理想之境充满了个人喜好的风格,却无法具体拿捏,而

---

[1] 迈尔. 音乐的情感与意义[M]. 何乾三,译. 北京:北京大学出版社,1991:298-300.

[2] 普鲁斯特. 追忆似水年华·第二卷[M]. 李恒基,徐继曾,译. 南京:译林出版社,2012:209-210.

只是潜在的未知,具有无限可能,又充满无限的想象空间。它充斥了仙境一般的理想场所,甚至和现实中的场所相比,音乐所容纳的想象空间要大得多;它让人踌躇满志,仿佛无比美好的未来正向自己敞开。正因为具有情节性的特点,所以这理想之境未必一定要凭空塑造一个虚拟的空间,而可以借助现实的场所对之进行再造。在公路上驾车飞驰时欣赏激昂的音乐,或在宁静的校园里欣赏舒缓的音乐,随着自我的情绪被激发,身处的场所也变得熠熠生辉,展现出与平时不同的"疏异"色彩。从某种意义上,可以表述为,是音乐促使我们用诗意的眼光审视周围的环境,对现实场景进行审美的再造。动人的音乐带领我们超越现实的世界,飞向那个位于我们内心深处、由一切理想中的场所和情境组成的、属于每个人自己的审美世界。从这个意义上说,音乐和建筑一样,都是实现诗意的栖居并在精神上超越现实的通途。

为什么艺术作品能让我们感受到美?绘画依靠构图与色彩的美观,音乐依靠旋律与和声的和谐,但能令我们体验到深刻审美愉悦的,绝不止这些能靠理性分析的外在元素。绘画再现现实,同时再造和重塑现实,让现实场所显现出惯常生活中被掩盖的美丽一面,画幅的限制又暗示了画面外的广阔天地。音乐能为人打开一个无限美好的虚拟境地,还让人通过情绪的释放而发现身边场所的疏异性。激发人对超越当下的理想之境的憧憬,才是艺术作品美的真谛。同样,建筑的审美价值也不限于其现实中的造型,还在于它营造的场所氛围能带给人超越当下的遐想。对于体验者来说,无论是对被暗示的延伸空间的畅想,还是对被再现的现实场所的迷失,都指向了内心深处的那个理想世界,一个由艺术品所开启的、深深打着个人烙印的审美世界。这个世界是空间性的,充斥着我们所喜好的场所氛围;这个世界又是情节性的,通向我们自己都无法想象的美好境地。这个世界还是不确定的,无论世界本身还是其中的对象都是潜在的,无法具体把握的。当我们看到了现实的疏异,这个世界即将为我们打开的时刻,我们就和作品一起"开抛"进入了澄明之境。

艺术作品打开了由虚拟场所构成的审美世界,所以场所是审美世界被打开的结果——那么,场所是否也能成为打开审美世界的起因?现实中的场所是否也能作为作品去打开拥有虚拟场所的世界?当然可以。只不过,没有经过艺术手法的处理,而光凭意识自觉地、主动地去对现实场所产生迷失感,是非常困难的。要想在现实中不借助任何艺术手法,也不是在不经意或出神的状态下就能挖掘出场所非惯常的、疏异的美,需要主动赋予日常生活以诗意,从日常生活中品味出诗意的能力。要具备这种能力,必须首先拥有极度感性和敏锐的眼光,或许还要经历长时间的自我训练才能实现。如果还要把这种主动迷失的审美体验传达给他人,则又必须借助文字的力量。

第三节 文学作品对场所的疏异化描写

> 对一座城市不熟,说明不了什么。但在一座城市里迷失方向,就像在森林中迷失那样,则与训练有关……这样的艺术我后来才学会,它实现了我的那种梦想,该梦想的最初印迹是我涂在练习簿吸墨纸上的迷宫。[①]

以上这段文字来自于本雅明的《柏林童年》一书中《动物花园》的章节,这部作品描写的是他童年时的生活环境。原本是再熟悉不过的生活场所,却成了供本雅明幻想与迷失的米诺斯王宫。当他学会如何在熟悉的城市里迷路,就能主动驾驭由回忆所引发的场所迷失,随时享受其中的乐趣,在日常生活环境里看到疏异景象,将自己置身

---

① 本雅明.柏林童年[M].王涌,译.南京:南京大学出版社,2010:7.

于另一个空间。本雅明曾表示自己不理解胡塞尔,嫌他的理论太过于深奥,但在对熟悉的城市的阅读中,他却可以驾轻就熟地使用现象学的基本原则,将对场所的常规认识加以悬置,去除日常化的先见,体验场景被还原后的纯粹现象,从中领略那些平时不被关注的、使人迷失的内容。能够不借助其他艺术手段就获得这样的体验,恐怕也只有本雅明这样对城市空间极度敏感的人才能做到。正如他本人所言,《柏林童年》一书涉及的主题就是人对大都市的体验是如何浑浑植根于在该城市度过的孩提时代的。① 回忆的景象变成了意象,整合成了一个从童年开始积累经验所构筑起来的完整世界,使得对自己童年生活过的城市的意识成为了迷失与回忆的混合体。本雅明的研究者徐特克指出,这样的回忆并非简单地重现过去发生的事,而是将它们重新整合到一个新的形态中。②

本雅明这种很早就怀有的迷失的梦想,被美国思想史学家理查德·沃林称为"在不进入世俗经验的内在领域的前提下而取得超验的愿望",一种"世俗的启迪"③。终于,他在一群和他一样生活在巴黎,将巴黎当作创作源泉和书写对象的人身上看到了这样的启迪,那群人便是超现实主义者——第一次世界大战后在法国兴起的一场文化运动的参与者们。从超现实主义文学作品里,本雅明解读出了这种"唯物主义的和人类学的"启迪,它无须尼古丁或大麻的刺激,就能沐浴在世俗的启迪中,实现对现实经验的超越。④ 同样,世俗的启迪也无须像宗教的启迪那样,需要借助来世的教义才能抓住精神的沉醉力量。这靠的是一种超越现实平庸经验状态的洞见,而这洞见本

---

① 王涌.译者前言[M]//本雅明.柏林童年.王涌,译.南京:南京大学出版社,2010:8.
② 王涌.译者前言[M]//本雅明.柏林童年.王涌,译.南京:南京大学出版社,2010:6.
③ 沃林.《拱廊计划》中的经验与唯物主义[G]//阿多诺,德里达,等.论瓦尔特·本雅明:现代性、寓言和语言的种子.郭军,曹雷雨,译.长春:吉林人民出版社,2011:148.
④ 本雅明.本雅明文选[M].陈永国,马海良,译.北京:中国社会科学出版社,1999:191.

身只需停留在经验的限度里就可以被创造出来。① 正是这些对巴黎景象的非常态化描写令本雅明有了认同感,同样对现实场景有着极度敏感的超越性洞见的他把启迪的力量也归功于童年的经验:孩子们能做成人所不能做的事情,每个童年都能发现这些新意向,以便把它们汇集到人类的意向库中。② 对此,德国文化批评大师阿多诺也持类似的观点。他认为,超现实主义者运用震撼和蒙太奇式的图景,将非惯常的事物取代了现实元素,让人感到惊恐而又对这些材料仿佛似曾相识。从这个意义上说,超现实主义和心理分析相类似,都能通过惊爆的方式揭示童年的经历。而超现实主义加诸客观世界的正是我们早已遗失的童年元素,它们以超越现实的形象跃向我们。③

用由文字作载体的世俗启迪取代宗教启迪,本雅明从中看到的意义却并非审美,而是革命。从沉醉中获取革命的能量,这便是超现实主义的所有作品和活动的目标。从已经过时的和灭绝的东西中,从第一批钢铁建筑里,从最早的工厂厂房里,从老照片、旧衣服、落伍的酒店里,超现实主义运动的代表人物布勒东和他的伙伴们看到了革命的力量,看到了极度的贫乏如何转变成革命的虚无主义。在乘坐火车的旅途中、在大城市无产阶级的居住区中的见闻,甚至透过新公寓雨意朦胧的窗户的向外一瞥,都可以转化为革命的体验甚至革命的行动。世界的中心矗立着令他们魂牵梦萦的巴黎,只有造反才能完全暴露出它的超现实主义面目。绘画无法表现城市中心堡垒的那种高耸和陡峭,人们只有跨过这些堡垒,占领这些堡垒,才能掌握它们的命运,继而掌握自己的命运。④ 无论是文学还是绘画,通过艺

---

① 沃林.瓦尔特·本雅明:救赎美学[M].吴勇立、张亮译.南京:江苏人民出版社,2008:133.
② 沃林.《拱廊计划》中的经验与唯物主义[G]//阿多诺,德里达,等.论瓦尔特·本雅明:现代性、寓言和语言的种子.郭军,曹雷雨,译.长春:吉林人民出版社,2011:155.
③ ADORNO T W. Notes o Literature,Volume One[M].上海:上海外语教育出版社,2009:88.
④ 本雅明.本雅明文选[M].陈永国,马海良,译.北京:中国社会科学出版社,1999:192-199.

术的手段已经无法掌握人自身的命运,只有靠革命的行动才能够做到。

针对本雅明对超现实主义的政治化解读,沃林提出了批评。他认为,对本雅明而言,超现实主义的世俗启迪的实践作为艺术生产模式是值得称道的,它驾驭了革命虚无主义的能量,这意味着革命进程中否定和批判阶段的重要因素。然而,这个进程必须超越单纯的造反阶段而向前发展,转变为一种方法论和组织化的政治运动,否则,这种有益的虚无主义阶段最后就会退化为一种私人化的、无意义的理性娱乐形式。看起来,本雅明对超现实主义所体现的革命虚无主义的局限性有着非常清醒的认识,如果它只能保持批判性而无法转化为具有建设性价值的阶段,那么它的革命性就毫无意义。但事实上,在沃林看来,本雅明停下来没有推导出来的结论恰恰应当被颠倒过来看:艺术和生活之间必须保持一定的距离,一旦艺术和政治融为一体,审美能力被过多地政治化,艺术就会有沦为冷漠之物的危险,革命也会被剥夺自我认识的活力源泉。[1]

本雅明对政治和艺术的结合看似一厢情愿,他却坚信:"艺术政治化"是共产主义用来对抗法西斯主义"政治审美化"的最好武器。在这一点上,他的论战对象是涵盖了文学、绘画、雕塑和建筑等领域的另一个20世纪初的艺术流派——"未来主义"的鼓吹者们。在他们"为艺术而艺术"的追求中,本雅明看到了"崇尚艺术,摧毁世界"的阴谋。未来主义者不仅对现代生活的运动、变化、速度、节奏表示欣喜,对火车和工厂烟囱喷出的浓烟、机车车轮与飞机发出的轰鸣声大唱赞歌,甚至还赞美战争。马里内蒂在战争宣言中歌颂喷火器、防毒面具和坦克等现代兵器,从金属化的躯体身上看到了一种全新的美学原则,一首由炮火、硝烟和腐烂的尸体所合成的交响乐。在这种毫无底线的"泛审美化"背后,隐藏着法西斯主义先利用社会阶级矛盾

---

[1] 沃林.瓦尔特·本雅明:救赎美学[M].吴勇立,张亮,译.南京:江苏人民出版社,2008:135.

推崇技术的绝对统治,继而将政治生活审美化的野心。① 审美化看似可以摆脱理性主义的藩篱,过度的泛审美化却也摧毁了理性本身,甚至摧毁了对人道主义的诉求,脱离了政治现实,导致了屈从于技术,最终沦为崇尚技术统治的集权政治的附庸。建筑理论家塔夫里借用本雅明的理念评论道,未来主义者看似信奉技术至上,他们其实始终只是激动地注视着技术,而不是进一步推敲和运用技术,所以和能够真正地深入解决技术矛盾、发现新的技术法则、将技术和艺术生产完美结合的现代主义建筑师们相比,未来主义者们的创作并未从技术中解放出来,他们只能扮演技术的评论员而非当事者的角色。② 要避免技术崇拜和泛审美化最终落入政治圈套的危险,本雅明认为只有主动地将艺术和政治、技术结合,挖掘其内在联系,以防它们被法西斯主义所利用。

除了超现实主义和未来主义外,另一个涉及现代都市景观同时又有政治抱负的流派是"情境主义国际"。这个活动于 20 世纪中叶,从成立到解散不足 20 年的组织力图建构情境,通过发动城市中每日的生活革命,来取代资本主义的景观社会。其代表人物居伊·德波将高度发达的现代商品社会视为与真实存在相对立的、由媒体影像和商业宣传所构成的景观,它作为瘫痪了的历史和记忆,废弃了建立在历史实践基础之上的全部历史的主导性社会组织,实际上是时间的伪意识。他主张构建革命性的、否定景观的情境,以此表达人们在日常生活中受到压抑的欲望和得到解放的希望,使人的生活重新成为真实生存的瞬间。③ 为此,他创造了"漂移""游离""转向"等概念,要求否定城市生活特别是建筑空间布局的凝固性,通过无固定的游

---

① 本雅明.经验与贫乏[M].王炳钧,杨劲,译.天津:百花文艺出版社,1999:290-292.
② 塔夫里.建筑学的理论和历史[M].郑时龄,译.北京:中国建筑工业出版社,2010:29-30.
③ 居伊·德波.景观社会[M].王昭凤,译.南京:南京大学出版社,2006:36、158.

离状态使人们的生活变得有新鲜感,在匆匆忙忙地购物和工作之际对"真实"产生不同体验,借此对抗日常生活的常规化。① 这些观念表面上看并无太多新意,所谓"漂移"更像是波德莱尔笔下的"漫游者"对城市消遣性审美的回响,赋予这些审美概念以革命性的内涵也无非是对超现实主义的继承,至于通过瞬间的生存体验来超越日常生活的平庸,我们也已经从海德格尔和本雅明的相关论述中一再看到,德波无非是将这些观念用到了对伴随消费主义而出现的资本主义社会新型统治形式的批判上而已。和超现实主义一样,情境主义国际也缺乏成熟的政治实践理念,他们的声望在1968年的"五月风暴"中达到了短暂辉煌的顶点,同时也奏响了绝唱的高潮。

无论是超现实主义、未来主义还是情境主义国际,都试图将都市景观与政治实践相联系,或是通过建立、或是通过破坏来实现革命抱负。他们的目标无疑是不可能实现的,有的甚至不得不屈服于极权政治。归根到底,属于审美的还是应当限定在审美领域之内,不要僭越到其他层面,才能发挥属于都市景观的真正价值。

---

① 居伊·德波.景观社会评论[M].梁虹,译.桂林:广西师范大学出版社,2007:2.

第六章
超越当下的永恒时间

第一节　永恒的象征——废墟

在上一章,我们分析了如何通过艺术手段塑造空间,让有限的空间暗示无限的意象,给人以超越当下的想象与憧憬。那么,对场所是否也能够进行时间层面上的营造,实现对现实的审美性超越呢?答案是肯定的。不过,这种对时间的营造并非如中国园林的"步移景异"手法那样,在流逝的时间里展开空间,而是要通过对建筑和场所的设计,彻底脱离时间的藩篱,展现凝固而永恒的审美意向。其实从某种意义上说,建造建筑物这一行为本身就是对时间的一种对抗。

哈里斯借用尼采的观点,认为人对权力的渴求会造成一种"病态的反时间愿望",因为恐惧永远没有足够的力量保护自己的存在,于是将追求永恒的柏拉图主义诉诸艺术和技术,使得关于永恒的主题多次在艺术和建筑史上显现,美在其中被认为是与时间相对立的。古典建筑通过给环境赋予灵性来抵抗对时间的恐惧,将敏感无常的事物重新塑造成崇高的、无时间性的实体。现代建筑则执着于简单的几何形体,直线、直角、正多边形等,将不稳定的、变化的环境转为稳定的秩序,变无序为有序,以此创造一个无时间性的精神王国。①人文地理学家大卫·哈维引用哈里斯的评论,试图说明美学理论紧抓的一个核心主题:在一个快速流动和变迁的世界里,空间构造物如何作为人类记忆和社会价值的核心标记而被创造和利用。建筑不仅是从空间里塑造出一个供人类居住的地方,而且是对时间的抵制;不是创建一个实体,以便让我们悠游于时间中,而是试图以此废除时间,即使只是暂时的。②

建筑被建造出来,总是供人使用的。在运动的人和凝固的建筑之间,存在着天然的张力,所以要取消建筑身上的时间维度,必须让它脱离人的存在。当建筑独立于时间和空间中,随着早晚的更迭而变化着自身光影效果,就能呈现出超越时间的永恒性。在运用延时技术拍摄的建筑影像中,这种效果即可见一斑。一旦回归人群,建筑就会恢复平庸的常态,成为人们现实生活中的惯常器具,和人类一起生存、毁灭。但是取消了人的存在,还会令建筑显现出废墟的意向,哈里斯认为通过建筑来反抗时间的最有效做法,就是建造废墟。废墟意味着衰败和腐朽,同时又象征了永恒的意向。建造废墟是对建筑的解构,是"用建筑反对建筑",也是用来摆脱对时间的恐惧的手段。③

在建筑创作的历史上,并不乏废墟的形象:有的在作品中加入人造废墟,有的将设计出来的建筑作品描绘成废墟的样子,还有的则是从废墟中获取创作灵感。16世纪时意大利开始有人建造模仿古代废墟的建筑,之后这股风潮逐渐横扫了全欧洲,其巅峰是18世纪英国的"如画式"(picturesque)园林,风景中不时散落着人造的古典建

---

① 卡斯腾·哈里斯.建筑的伦理功能[M].申嘉,陈朝晖,译.北京:华夏出版社,2001:221-230.
② 大卫·哈维.时空之间:关于地理学想象的反思[G]//包亚明.现代性与空间的生产.王志弘,译.上海:上海教育出版社,2003:397.
③ 卡斯腾·哈里斯.建筑的伦理功能[M].申嘉,陈朝晖,译.北京:华夏出版社,2001:235.

筑碎片,以沧桑情调来调剂现实的享乐。到了19世纪,英国新古典主义建筑师约翰·索恩不仅设计并建造过两座人工废墟建筑,还请画家甘迪将自己设计的英格兰银行绘制成废墟的形式,画面背景中的伦敦则沦为了一片荒野(见图8)。而在此之前,人们已经通过绘画和诗歌对废墟表现出了普遍的迷恋,如雷斯达尔的画作《犹太人墓地》。歌德评价这幅作品通过枯树隐喻无限生命,由此将生命和死亡联结在一起,对人类的自我宣扬表示了漠视。曾经辉煌的墓地现已被荒废,逝去的人们也已被遗忘,即使回忆也无法战胜时间。① 除此之外,司汤达、夏多布里昂、爱伦坡、歌德、雪莱、拜伦、福楼拜、哈代、狄更斯等文学大师都曾在罗马废墟前写下观感,通过自己的著作将之凝结成追问与思索。

图8 约翰·索恩、甘迪 《英格兰银行》

另一个执着于表现废墟的是18世纪的意大利版画家皮拉内西,他的监狱系列和罗马遗迹系列无不超越了对现实时间和空间的认

---

① 卡斯腾·哈里斯.建筑的伦理功能[M].申嘉,陈朝晖,译.北京:华夏出版社,2001:236.

知。他所刻画的监狱形象既是空间上永无止境的迷宫,又是超越现实时间的废墟。塔夫里认为该系列升华了对中心的迷失,向往自由却无法摆脱约束,同时伴随着对形式和记忆的非连续性蒙太奇。皮拉内西对古罗马遗迹的刻画尺度夸张,像极了虚假的商业广告,不少看过他作品的游客亲自到了罗马后都感到无比失望,因为真实的古罗马建筑遗迹远不如他画中的那么宏伟。他笔下的浴场、剧场或竞技场的遗址中,巨大砖石构成的残垣断壁沐浴在夕阳下,变幻着浓重而错综的光影,瓦砾上生长出来的繁茂草木强调了岁月的沧桑,这一切无不体现着一种破败中的庄严之美(见图 9)。在恢宏的尺度上表现废墟,再配上强烈的光影效果,时间的凝固与永恒被渲染到了无以复加的地步。塔夫里认为这样的绘画与其说具有商业用意,不如说向旅行者们暗示了他们所寻求的冒险,旅程会被无限期地延长至无限,让人无法脱身回到现实中来。①

图 9　皮拉内西　《安东尼浴场废墟》

---

① TAFURI M. The Sphere and the Labyrinth[M]. Massachusetts: MIT Press, 1987:40-41.

哈里斯从人为的废墟形象里解读出了永恒，本雅明看到的则是衰败。在早期著作《德意志悲苦剧的起源》中，本雅明就关注了巴洛克戏剧舞台上的废墟形象，后来又分析了19世纪法国艺术家对巴黎的废墟化塑造。在他看来，正因为人们在现实生活中看不到希望，才将废墟视为彼岸之美的寄托。如果说中世纪的人将希望寄托于千禧年和末日审判，故而忽视世俗中的事物的话，巴洛克时代则没有什么末世论，所以那时的人们才会紧抱世俗世界，让世间之物在现世恣意张扬。德意志悲苦剧就是在这样的思想背景下诞生的，它展现了一种"时间的空间化"，时间性的日期被转化成了空间中的非本真状态和同时性。中世纪的人期待着上帝救赎计划的完成，世俗事物只是救赎之路上的站点；德意志悲苦剧则完全深陷于世俗状态的无望中，看不到被拯救的希望。① 于是历史在舞台上以废墟的形态出现，它所展示的不是永恒生命的历程，而是不可挽回的败落过程。废墟作为一种寄寓，象征了彼岸之美，巴洛克因此有了对废墟的崇拜。舞台上的废墟呈现出宏伟的形态，破碎的山墙、倾毁的柱子见证了那些神圣的建筑经历电击、地震而岿然不动的奇迹。巨大建筑的废墟比保存较好的小型建筑更好地说明其规划，所以德意志悲苦剧应当从废墟的寄寓精神来阐释。② 从恢宏的体量和废墟相结合的寄寓中可以看到，皮拉内西描绘的那些古罗马遗迹正是对巴洛克戏剧舞台布景的跨时代回应。

在对德意志第二帝国时期巴黎的描写中，本雅明着重刻画了拱廊街、私人居室、全景画这些当时巴黎繁华资本主义社会的产物，但它们在19世纪末便相继成为了梦幻世界的残存遗迹。于是本雅明感叹，每个时代都包含着自己的终结，"随着市场经济的大动荡，甚至

---

① 本雅明. 德意志悲苦剧的起源[M]. 李双志，苏伟，译. 北京：北京师范大学出版社，2013：55-75.
② 本雅明. 德意志悲苦剧的起源[M]. 李双志，苏伟，译. 北京：北京师范大学出版社，2013：213、295.

在资产阶级的纪念碑倒塌之前,我们就开始把这些纪念碑看作废墟了。"① 对此,本雅明著作的译者刘北成分析道:在 19 世纪中期被大规模建造的巴黎拱廊街曾被视为现代性的成就和象征,而到了 19 世纪末就被纷纷弃用,成为让人凭吊的"古代性"废墟。拱廊街被拆毁所引起的失落感,让本雅明敏感地意识到现代性的非永恒性和变动不居性。② 于是他密切关注包括超现实主义者在内的艺术家们所描绘的废墟:在雨果的组诗《凯旋门》里第一次出现了"巴黎的古代"意向,即对一场"巴黎战役"的想象;波德莱尔赞扬画家梅里翁作品中塑造的古代形象,其中古典与现代是相互贯通的;热弗鲁瓦则认为梅里翁的画面独特之处在于:尽管直接取材于生活,它们表现的却是一种逝去的生活,某种已经死亡或将要死亡的生活,这样的作品真实地再现了不久将到处瓦砾堆积的巴黎城。在这些废墟形象中,本雅明看到了资本主义社会不可避免的衰败迹象。在对波德莱尔诗作的评论中,他写道:现代性几乎没有什么方面保持不变,而古代性曾经被人们认为包含在现代性里,实际上呈现的是衰败的画面。③ 在这样的衰败中,就连巴黎居民的欢乐也不在于"一见钟情",而在于"最后一瞥之恋"④,这恋情如同蓦然回首中的惊鸿一瞥,转瞬即逝。甚至这种短暂的、难以持续的欢乐都具有废墟的意向:其他艺术形式如创世之日一般光彩熠熠,而被作为废墟和碎片来构想的德意志悲苦剧则持守了最后一日的美之图像。⑤

　　沃林认为,对本雅明来说,历史生活越是显得无可救赎,它就越是无情地把自己表现为一堆废墟,越多地去救赎超越历史生活的领

---

　① 本雅明.巴黎,19 世纪的首都[M].刘北成,译.北京:商务印书馆,2013:30.
　② 刘北成.译者前言[M]//本雅明.巴黎,19 世纪的首都.刘北成,译.北京:商务印书馆,2013:iii-iv.
　③ 本雅明.巴黎,19 世纪的首都[M].刘北成,译.北京:商务印书馆,2013:160-167.
　④ 本雅明.巴黎,19 世纪的首都[M].刘北成,译.北京:商务印书馆,2013:111.
　⑤ 本雅明.德意志悲苦剧的起源[M].李双志,苏伟译.北京:北京师范大学出版社,2013:295.

域,而这个领域只有在彻底否定和毁灭一切世俗价值后才能达到。①从这个意义上来说,本雅明和哈里斯对废墟的认识其实没有本质上的差别。在哈里斯眼里,人们根本无法在现实中摆脱时间的束缚,所以只能用废墟的形式作为永恒的象征;而在本雅明这里,正因为在现实中得到救赎的希望遥遥无期,人们才把象征了曾经辉煌的废墟视作彼岸之美加以崇拜,恰恰是现实里的衰败之物象征了彼岸的永恒。

废墟既象征衰败,又预示新生;既诠释易逝,又归入永恒。这种双重性格在人们眼中能产生不同的价值,也能激发人的不同情感。艺术史学家巫鸿发现:在典型的欧洲浪漫主义视野中,废墟同时象征着对"瞬间"和对"时间之流"的执着——正是这两个互补的维度一起定义了废墟的物质性。一座古希腊、古罗马或中世纪的废墟既需要朽蚀到一定程度,又需要在相当程度上被保存下来,才能呈现悦目的景观。"理想"的废墟必须有宏伟的外形以显示昔日的辉煌,也要经历足够的残损以表示辉煌已逝,让人为昔日的征服者唏嘘感叹。它彰显了历史不朽的痕迹和不灭辉煌的永恒,唤起人乌托邦式的雄心壮志;又凸示了当下的易逝和所有现世荣耀的昙花一现,唤起了人的忧郁感伤。②

哈里斯发现,和象征超越时间之美的废墟相反,另一种形象体现了转瞬即逝的美,这就是霉斑。剃须刀上的铁锈、墙上的霉斑、屋角的青苔,如同小船划过后水面的点点涟漪、破裂前的肥皂泡一样,诠释了一种短暂而易逝的美。与之相比,象征永恒的美反倒令人窒息,缺乏生命的鲜活。③ 不过,霉斑和废墟原本是可以共存的,与其说它们分别象征短暂与永恒,不如说废墟本身就具有两种面貌:一种是不

---

① 沃林.瓦尔特·本雅明:救赎美学[M].吴勇立,张亮,译.南京:江苏人民出版社,2008:59.
② 巫鸿.废墟的故事:中国美术和视觉文化中的"在场"与"缺席"[M].上海:上海人民出版社,2012:18-19.
③ 卡斯腾·哈里斯.建筑的伦理功能[M].申嘉,陈朝晖,译.北京:华夏出版社,2001:234-235.

加修葺,布满了野草、青苔、藤蔓的废墟,另一种则是经过保养,以干净而光秃秃的形象示人的废墟——前者象征短暂,后者象征永恒。英国学者伍德尔德认为,正是因为废墟具有这两种不同的面貌和性格,才会受到不同人的青睐:诗人和画家欣赏废墟,是因为它的脆弱;独裁者欣赏废墟,则是把它视为纪念碑——罗马大斗兽场的沧桑变迁就对此作了最好的诠释。从西罗马帝国末年开始,历经洗劫的罗马城逐渐荒芜,人口锐减,大斗兽场也日益破败,沦为了采石场。原先的看台内外长满了各种植物,从满地的青苔,缠绕的藤蔓到高大的乔木,不一而足,其间还插着众多纪念天主教殉道者的十字架,整个斗兽场和周边区域成了天然的种植园和牧羊场。这般场景诉说了光阴的流逝、历史的沧桑、辉煌的衰退,也成了诗人和画家们抒发感怀的圣地。但 19 世纪末意大利重新统一,罗马成为了新王国的首都,如此景象便不复存在。植物被彻底根除,十字架被尽数清除,斗兽场只剩下了光秃秃的石头,宛如正在打地基的建筑工地。艺术家不得不让位于考古学家,因为后者可以在这里尽情地测量古代遗迹,却不再有艺术家为之鼓舞,除了一个例外——那名失败的画家:希特勒。当大独裁者亲赴罗马参观了当地的古迹后,便要求纳粹的公共建筑不得再使用钢材和钢筋混凝土,而必须用大理石和砖来建造,好让它看上去永垂不朽。对于希特勒来说,斗兽场不是废墟,而是象征永恒的权力,满足独裁野心的纪念碑,只有这样的建筑才能供后人世代瞻仰。①

显然,伍德尔德的观点过于武断了。就算有大量艺术家偏爱满目疮痍、能诠释历史沧桑和光阴流逝的衰败形象,不可否认的是,那种光秃秃的、象征时间凝固与永恒的形象同样具备权力隐喻之外的审美价值,这种审美并不必然导向权力美学。比如超现实主义绘画大师达利的名作《记忆的永恒》,画面中光秃秃的远山、光秃秃的木桌

---

① 克里斯多佛·武德尔德. 人在废墟[M]. 张让,译. 台北:边城出版公司,2006:41-47.

和树枝刻画了世界末日的景象,融化的钟表意寓时间已丧失了意义,钟表指针所指向的仿佛是时间凝固的时刻,在那一种地老天荒的无可奈何之余,过去和现在归入永恒。在这个时候,时间是静止的,却又是永恒的,并且向着未来敞开。无论建筑界还是美术界,倾心于这种美的都大有人在,而他们在城市发展方向乃至政治立场上往往并不一致。

第二节　超越时间维度的建筑

一、摆脱时间的建筑审美

废墟意向下的建筑形体通常极度巨大,达到脱离常人的尺度,既彰显宏伟崇高,又预示永恒不朽。故而在历史上的很多时刻,我们都能看到人们对宏大体量的独特诉求,这种偏爱几乎贯穿了整部建筑史。塔夫里发现早在16世纪初期,拉斐尔就从挖掘出来的古代怪诞中为标新立异的风格寻求依据,设计了形式夸张的大体量建筑。他在分析当代美国建筑时又指出,纯几何的建筑形态象征了这样的矛盾现实:一边要反抗城市消费主义的心理压抑,另一边又难以抵挡媚俗的"超现实城市"的魅力。于是在踌躇不前中,诞生了这样的建筑作品:贝聿铭的科罗拉多大气研究中心石窟与巨柱般的几何体,约翰逊的赫钦-戈达德图书馆隐喻式若隐若现的浑厚体量。[①] 或许,我们还可以在这份名单后面加上路易·康和矶崎新的若干作品。

在人类历史上,伴随着某些特殊时期的群体性狂热,总会出现一些宏伟尺度的建筑设计构想,以迎合特殊社会背景和时代精神,让这种精神不朽。比如在法国大革命正处于酝酿的时期,建筑师布雷设

---

① 塔夫里.建筑学的理论和历史[M].郑时龄,译.北京:中国建筑工业出版社,2010:14,108.

计了包括伟人像纪念馆、国民公会大厦在内的一系列体量宏伟的作品。和这些大尺度建筑相比，在它们脚下行走的人几乎就是匍匐在地上的蚂蚁。即便这些设计因为技术的限制从未付诸实践，他也毫不在意，因为他想表现的原本就是一种在特定历史环境下的独特审美情绪，一种革命的英雄主义大时代所烘托的创造性幻想。与之相类似的，则是20世纪初的未来主义者们想象中的现代或者说未来都市。未来主义艺术家们推崇艺术的现代感，他们赞美速度，赞美时代的高速前进，比如波丘尼的雕塑《空间里持续不断的独特形式》塑造了行进中模糊的人物轮廓，巴拉的绘画《链子上一条狗的动态》则在狗身上加了许多条腿，着意刻画运动和速度。然而，未来主义风格的建筑却显现出另一个极端。在第一次世界大战前夕举办的未来主义展览会上，圣埃利亚发表了《未来主义建筑宣言》，展出了许多未来城市和建筑的设想图。虽然这些未来都市的画像充斥着宏伟的尺度，却不见丝毫的动态。圣埃利亚宣称不应再热衷于纪念性、沉重和静态的东西，而要把现代城市建设改造得像大型造船厂一样，忙碌又灵敏，然而在他绘制的都市景象中有高大的阶梯形楼房，有太空堡垒一般的宏伟构筑物，却看不到行人和川流不息的车流。宏伟的建筑身上体现不出任何生气，仿佛它们已经脱离了时间的存在，宛如一座座伫立在未来世界的纪念碑（见图10）。

另一位对宏大尺度情有独钟的就是希特勒，他妄图让自己的第三帝国重现古罗马帝国的辉煌，于是雄心勃勃地提出了"日耳曼尼亚计划"，要将帝国首都柏林打造成文明世界的中心，一座新的"世界之都"。在他的授意下，建筑师施佩尔在柏林市中心设计了一条120米宽的光辉大道，比巴黎香榭丽舍大街宽一倍；在大街中央则有一座200米高的凯旋门，高度是巴黎凯旋门的4倍；大街还将贯穿一座广场，能容纳100万人之多。此外，施佩尔还设计了一座铜质圆顶的庞大会堂"人民大厅"，以罗马万神殿为模型，高达300米，直径达260米，规模相当于罗马圣彼得大教堂的7倍，华盛顿国会大厦的32倍，

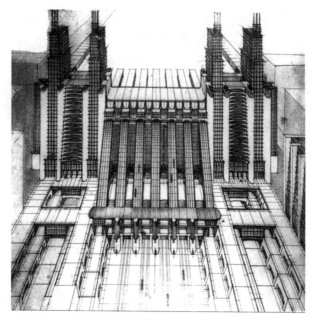

图 10　圣埃利亚 《机场和火车站》

容纳人数达 16 万人,建成后将成为纳粹德国的政治标志(见图 11)。显然,这个计划是要让当年布雷停留于画纸上的宏大建筑成为现实,最终成为永世的丰碑,它要表现的不仅是集体的狂热,更有对权力的崇拜与贪恋。

希特勒心仪废墟永恒的审美属性,和他品位相同的施佩尔也很推崇"遗迹价值"。在设计纽伦堡运动场的庞大看台时,施佩尔甚至效仿索恩,用草图勾勒出了这座建筑在一千年后的样子,即便化作废墟也不失威严。但毕竟,时光流逝是人生在世所无法回避的,也是由人组成的社会和国家必然的属性。摆脱自然规律,跳出历史长河进入永恒,可以是人在精神上、艺术上的寄托,却不能成为国家政治生活的目标,一味将审美品位当作政治标杆,以至于漠视现实,追求永世,必然难得善终。波德莱尔曾希望被人视为一个古典诗人,自己的

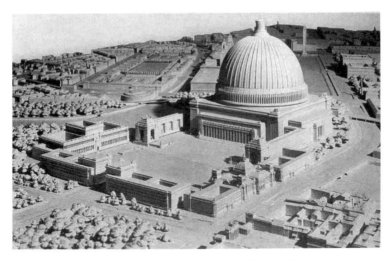

图 11　施佩尔"日耳曼尼亚"计划的"人民大厅"

作品在遥远的未来能得到赏识；希特勒则幻想将第三帝国打造成古罗马废墟的式样，供人在千年后凭吊。具有讽刺意味的是：波德莱尔在去世几十年后就声名鹊起，希特勒的千年帝国则在更短的时间里就化作了真正意义上的一片废墟。而历经了纽伦堡审判的施佩尔也在多年后反思，承认自己当年设计的只是一座毫无人性的冰冷石棺。

在政治环境完全不同的大洋彼岸，美国建筑师费里斯表现出了相似的审美倾向，只不过他追求的并非"宏伟的崇高"，而是"垂直的崇高"。费里斯虽然没有任何建成的被关注的作品，却在美国建筑界产生了巨大影响。在20世纪20年代出版的著作《明日的都市》里，他批评了当时的城市缺乏规划，强调了建筑师在城市发展中维护人文价值的责任，还对城市的未来发展趋势提出了自己的设想并做了预测。费里斯认可现代主义建筑和城市规划的功能主义观点，主张城市按照不同功能划分为不同区域，呈放射性布局，高层建筑之间应空出足够的距离。他的主张依稀可见柯布西耶对巴黎市中心更新计划的影子，有评论者认为这是对霍华德"明日花园城市"的回应，也有评论认为这种几何式的规划概念源自文艺复兴,形式和象征性大于功能性。然而,令费里斯产生巨大影响力的并非他的前瞻性规划,而是他对现代都市的独特描绘。在《明日的都市》的开篇,他就向读者展示了一个异于常人视角下的纽约:在迷雾尚未消散的早晨,人们走上阳台,仿佛站在远洋客轮的护栏边,目睹一幅模糊的全景画卷,又好像坐在高架的剧院包厢里,期待一场盛大的奇观即将上演。当一道金色光芒从迷雾中洒下,纽约的众多摩天大厦从顶部开始自上而下逐一显现。伴随着期待中的壮观场景,垂直线条密集的大都市出现在了人们的视线中。[①]

费里斯自认为用文字刻画了一个不同于设计图纸上的都市印象,而这本书带给建筑界更深刻的影响,在于由他用炭笔亲手绘制的高楼和城市的插图。作为一名以绘制项目效果图为主业的建筑师,费里斯深受客户和公众的喜爱,他的画也几乎成为设计竞标的必备品。但费里斯笔下的建筑物并不忠于设计图,而是有着夸张的尺度,如同从完整的石料削切出来的雕塑,具有无可比拟的体量感,一家破旧的百货公司像是一个俯瞰街区的巨人,沉闷的酒店则像沉船的剪影一般从城市的雾霾中若隐若现。这些高层建筑时常被置于聚光灯下或迷雾中,营造出奇幻的光影效果和明暗对比,在夜幕下化身为宏伟的纪念碑,给人压迫感的同时又油然而生一种宗教般的敬意,比未来主义者的同类作品更具视觉上的震撼效果(见图12)。他还喜欢在画中漠视甚至取消人的存在,或是描绘没有居民的城市,或是刻画在伟岸的环境中相形见绌的孤独人物。

如果给费里斯的绘画风格寻找渊源,他的技法其实深受皮拉内西的影响,后者赋予废墟中的罗马城的那份崇高、肃穆和静谧,都被他转接到了高楼林立的现代都市上。然而,皮拉内西试图表现的是罗马的伟大,费里斯却恰好相反,对当时都市发展中的某些倾向报以

---

① FERRISS H. The Metropolis of Tomorrow [M]. New York: Princeton Architectural Press, 1986: 15.

第六章　超越当下的永恒时间　175

图 12　费里斯　《未来都市的摩天楼》

反对态度，比如摩天大楼在街区里拥挤的布局，以及在市中心街道上空专为汽车建造高架桥梁。这两种做法在当时都是未来主义者的通行想法，而费里斯尽管和他们有着相似的画风，在城市建设上的观点却大相径庭。建筑历史学家卡罗尔·威利斯在为《明日的都市》再版所写的评论中指出，具有讽刺意味的是，这些描绘了密集的摩天大楼和立体汽车交通的图纸"经常被误解为背书，而实际上费里斯将它们视为警告"[1]。与此同时，费里斯对城市规划和城市绿化的设想，又

---

[1]　WILLIS C. "Drawing Towards Metropolis"[M]//FERRISS H. The Metropolis of Tomorrow. New York：Princeton Architectural Press，1986：170.

和日耳曼尼亚计划遥相呼应——在该计划中,除了柏林市中心宽阔的林荫大道光辉大道外,整座城市的植被都要恢复到18世纪时的水平。可见,审美倾向和政策主张之间并没有必然的联系,艺术上的趣味相投并不意味着共同的政治立场,由此我们也可以看出伍德尔德观念的偏颇之处。

  费里斯的绘画作品超越了单纯的建筑效果图,不仅对美国的摩天大楼文化产生了深远影响,也影响了后世的漫画和科幻电影等流行文化。1922年他为诠释《纽约区划条例》标准下摩天大楼符合的式样画了一组效果图,画中的楼宇为避免影响周边区域的采光而选用了逐层退台的设计,看起来像是巨型的石笋或者金字塔。在《蝙蝠侠》故事所发生的"哥谭市",我们就看到充斥了这种造型的巨型塔楼,整座城市亦被打造成一座伫立于河流入海口的现代堡垒。而费里斯画中光明与黑暗的强烈对比,也与哥谭市正义和邪恶相混合的气质极为契合。相似的艺术风格还出现于1927年由弗里茨·朗执导的影片《大都会》中,这位德国导演出于访问纽约和洛杉矶所受到的启发,在布景师的帮助下创造出了一座更为繁华的未来大都市。影片描绘的21世纪的世界分为贫富悬殊的两部分,社会上层在名为"新巴别塔"的高楼里过着豪华的生活,工人则在暗无天日的地下城工作。片中出现了塔楼、射灯、高架桥、飞行器、半空中的广告甚至人工智能雏形的机器人,这些对今天的观众来说并不陌生的元素开启了科幻片的众多母题,被后来的电影以各种方式重新阐释。[①] 以上例举的这些艺术作品,又预示了另一种发端于20世纪80年代的科幻艺术流派——赛博朋克。

  从字面上看,赛博朋克指的是对自动控制、对高度科技文明的反思与对抗。这一类文学和电影不像其他科幻作品那样对未来世界充满憧憬,而是有着强烈的反乌托邦和悲观主义色彩,描写科技高度发

---

① 陈镭. 从赛博朋克看未来城市的精神维度[N]. 光明日报,2022-1-27(13).

达背景下的社会贫富悬殊、技术进步对人类的控制和对人性的压抑。霓虹灯在凄风冷雨中闪烁着,摩天大楼的阴影笼罩着拥挤的贫民窟,再加上酸雨、沙尘暴、废弃的无人区、晦暗的地下城等经典意象,无不诠释着虚假而迷幻的繁华。若要为这类城市建筑找一个现实中的原型,则非香港历史上的九龙城寨莫属。这里在中英政治博弈中沦为"三不管地带",却神奇地自发演变出一种荒蛮生态,以其建筑和居民的极度拥挤与凌乱而被视为"赛博朋克圣地"。从某种意义上说,赛博朋克也隐含了对废墟意象的崇拜,只不过这些存在于未来的废墟没有暗示时间的凝滞,而是预言了人类文明在未来的堕落。

二、摆脱时间的建筑实例

作为空间艺术的建筑在性格上固然有妄图跳出时间之流、摆脱时间羁绊的一面,同时也不乏另一面:迎合时间,着意诠释、刻画时光的流逝。在现代主义建筑中,我们通常看到的是第一种倾向,在后现代建筑中则两者兼而有之。

现代主义建筑采用简洁的造型,摈弃传统装饰,既有注重使用功能的原因,也符合了现代人的审美口味,抽象的外观还显示了对时间的抗拒。如果说,传统建筑的造型和装饰体现了与本土文化、历史文脉之间无法割裂的关联的话,现代主义建筑则通过抽象的造型努力摆脱这些束缚。这种姿态固然也体现了一种"时代精神",却是一种彻底独立于过往历史,只面向未来的时代精神。几何化的形体反映了造型上的"放诸四海皆标准",还暗喻了时间上的永久性,仿佛为未来的建筑设立了永恒的标杆。

但现代主义在第二次世界大战后很快就受到了挑战,后现代主义建筑为了弥补现代主义所漠视的人情味,在建筑表面加入了大量体现历史与文脉的符号。看起来这是对传统的回归,让脱离了时间的建筑重返历史长河,但问题是,后现代建筑所使用的并非具象的古典元素,而是经过夸张变形的、符号化的元素,这样的建筑也不可能具有真正的历史感。比如后现代建筑的代表作，查尔斯·摩尔于20世纪70年代末设计的美国新奥尔良意大利广场，布满了抽象的弧形墙面、拱门、柱头、额枋等古罗马建筑元素，材料精心制作而色彩浓艳，虽然到处是历史片段，却完全没有古典建筑的肃穆，反而充斥着商业化的氛围，既庸俗离奇又热情欢快，让虚幻和真实、历史和现实、经典和通俗走到了一起。如此奇幻的视觉效果与其说为了回归历史，不如说是调侃历史、脱离历史。

当"如画式"园林在18、19世纪的欧洲大行其道，人造废墟风行一时之际，欧洲园林里还盛行着另一股风潮：对东方建筑想入非非的模仿，巫鸿认为二者之间的关系不应当被忽视。仿造的古希腊古罗马废墟以其庄严肃穆的外形唤起历史的记忆和忧郁的沉思，东方装饰性建筑则以异国情调夺人眼球，传达出一种新奇事物异想天开的气派。"如画"和异国情调相互纠缠，促成了想象的视觉世界中美丽与崇高的融合。① 跳出时间长河、寓意永恒的废墟形象和跨越空间的异域风情结合起来，构成了那个时代独特的审美品位。当然，那些仿制品并不是真实的东方建筑摹本，而是当时对东方文化一知半解的西方人臆想的产物，它们在东方人眼中无疑是不伦不类的，只是满足了当地人对创建一个陌生场所、一个幻想之地的向往。② 所以，我们不妨把后现代建筑塑造的那些"假古董"视作如画式园林在两百年后的回声：一个向往他乡，一个追寻过往，同样是对他者戏谑的模仿，也同样沦落为商业化的媚俗。后现代建筑宣称与历史对话，却没有回归传统，宣称脱离现实，却并非超越现实，而是瞄向了历史长河之外某个光怪陆离的所在。

在对传统文化的尊重，以及对商业娱乐的迎合之外，后现代主义

---

① 巫鸿. 废墟的故事：中国美术和视觉文化中的"在场"与"缺席"[M]. 上海：上海人民出版社，2012：11-13.

② MIAO P. Worlds Apart: Common Meanings in Classical Gardens of East and West[J]. Landscape，1992，31(3)：42-43.

建筑师并非没有严肃的哲学思索,矶崎新作品中不时出现的废墟意向就是证明。矶崎新虽是日本人,却关注西方的历史传统文脉,他的作品既有日本特色,又不乏西方题材。矶崎新在设计生涯早期受到过"新陈代谢"派的影响,于 20 世纪 60 年代初设计了一系列被命名为"空中城市"的作品,作为对未来城市建设的设想。该系列作品的形态为巨型圆柱、巨型骨架结构,上面插满了一层层出挑的横梁,既隐含了科幻小说里未来都市的意向,又是对日本古代创世纪神话中"天柱"的象征性运用。在其中的一号方案图像中,原有城市被打造成一片废墟的模样,未来化的螺旋状办公室跨桥和柱芯体重叠、交织、穿插布置在像一座古希腊多力克柱式寺庙样的残垣断壁中。未来城市和千年废墟以冲突的方式共存,矶崎新用未来主义诗人马里内蒂的口吻说明了他的意图:"废墟正是我们人类未来城市的形态,未来的城市即是废墟。"[1]

西方世界迷醉于废墟是因为古代的阴影,每个新帝国都自称是罗马的后裔,然而罗马的废墟却问道:但若像罗马这样的巨无霸都会粉碎,难道伦敦或纽约不会吗?[2] 于是,雨果用诗歌来描写战争后的巴黎景象,画家们则更直观地描绘遭到毁灭的繁华都市:胡伯特·罗柏的《想象卢浮宫大画廊的废墟景象》、古斯塔夫·多雷的《新西兰人》分别塑造了废墟中的巴黎和伦敦的景象。至于矶崎新,童年时广岛遭受原子弹轰炸后的场景给他带来了极大的震撼,他意识到一切建成的东西最终都会成为残骸,废墟由此成了他心目中都市的原形象。这不仅导致了他对未来的悲观态度和末世情怀,也造就了他独特的时间观。1968 年米兰第 14 届三周年会上,他设计的电气迷宫呈现了如此的形象:在广岛被烧焦的土地上,是用蒙太奇手法拼贴出来的、已经化作废墟的未来城市的构筑物。以这样的景象为基础,在上

---

[1] 矶崎新. 未建成/反建筑史[M]. 胡倩,王昀,译. 北京:中国建筑工业出版社,2004:91.
[2] 克里斯多佛·武德尔德. 人在废墟[M]. 张让,译. 台北:边城出版公司,2006:21.

面投影了日本的建筑师们在20世纪60年代初期创作的无数反映未来城市乐观形象的作品。在矶崎新看来,这些规划最终也会和当年的广岛一样成为废墟,只有在建筑与破坏、规划与消亡变为同义词的那个瞬间,这种含有具体状态下的核心意义的空间才会出现。英国学者德路认为这个被解构的整体含蓄而充满了隐喻:虚假的幻景同世上万物一样,终将衰败腐烂;反之,万物也不过是一具更大的魔影不完整的组成片段而已。①

在矶崎新建成的作品里,明确使用了废墟元素的是1982年落成的筑波中心大厦。在一片荒野中建造的筑波新城里,该项目好似一座荒凉的科学城中的化学反应生成物,又像科幻小说里不毛之地上伫立的未来城市。最特别的就是由建筑群围绕的下沉式广场:广场由被处理成废墟形式的台阶与地面连接,表面复制了米开朗琪罗在罗马卡比多广场的椭圆形地面图形,中心则是两股水流的交汇点,有一股水流是从广场高处一角的巨型石盆中源源流出的,石盆旁是一棵青铜铸成的月桂树,似乎在讲述古希腊神话中达芙内和阿波罗的故事。按照矶崎新自己的解释,筑波中心呈现了一幅群体肖像画,包括了米开朗琪罗、列杜、柯布西耶、摩尔等众多建筑师的作品在内,它是由形形色色的各种历史片段从原本的历史文脉中抽取,再以既冲突又和谐的方式组合而成的。看似有秩序的空间,却围绕着一个空虚的中心,历史元素转入了一种新创造的文脉关系。② 为了强调这个作品的独特效果,矶崎新还特意绘制了它的废墟想象图,仿佛是对索恩的英格兰银行废墟图的回应(见图13)。

---

① 德路.矶崎新的建筑[M].邱秀文,译//邱秀文.矶崎新.北京:中国建筑工业出版社,1990:28.
② 矶崎新.筑波中心大厦之自注[M].邱秀文,译//邱秀文.矶崎新.北京:中国建筑工业出版社,1990:112.

图 13　矶崎新　《筑波中心大厦》

矶崎新认为，近代以来的时间概念是一种绝对时间观，时间被视为一种等质的东西从遥远的过去向无限的未来流动。只要踏上这个绝对时间，所有事物都能够被说明。但是，这种观念如今已越来越走向差异性，并逐渐开始崩溃。问题是：如何来解释普遍性的绝对时间概念已经不成立了这一事实？在矶崎新看来，最好的方法就是通过建筑，比如用已经化作尸体的建筑来诠释尚未建造的建筑。① 他在接受记者采访时指出：

> 我说的"废墟"有几个不同的理解，第一点就是对时间概念的理解。我们现在的时间概念是近代才出现的，事实上对时间，每个人会有不同的理解，比方说"瞬间"，在这个点，未来和过去都在同一个地方出现，过去的废墟会留存到现在，就像将来也会变成废墟一样。我认为在某个时间点上，未来的废墟和过去的废墟是同时存在的，这个情况我们

---

① 矶崎新.未建成/反建筑史[M].胡倩,王昀,译.北京:中国建筑工业出版社，2004:406.

有时候会从一些电影中看到。第二点,以前的东西渐渐成为废墟,然后消失,接下来又在未来重新建成,因此可以说未来的城市是现在城市的废墟状态;而现在的城市发展到一定程度,在未来的城市也可能会变成事实上的废墟。第三,建设跟摧毁事实上是在同一时间共存的。①

从矶崎新的话语中看到的,分明是海德格尔和本雅明的时间观。按照海德格尔的"四维时间"观,时间不只有线性流淌这单一的维度,过去、现在和未来并无本质差别,艺术品中的真理原本就是无时间和超时间性的。本雅明在分析德意志悲苦剧时也表述了类似的观点,他称之为"时间的空间化"。矶崎新将这样的观念表现在了作为空间艺术的建筑里:让不同时代的建筑片段,让已成为历史和尚未建造的建筑形态在同一空间并置、重叠,都隐喻了过去和未来在当下的交汇,不同历史时期的共时性。而在他的观念里,废墟不仅意味着终结,还孕育了新生。比起单纯把废墟视为对抗时间的流动性,追求永恒的象征,这一观念显然有着更为丰富的东方文化根源:

> "未来城市并不是到废墟就结束了,其实一样东西,从它获得生命的时刻开始,直到变成废墟、生命消失,这种直线型的概念是欧洲的概念,不是东方的概念,东方的概念会认为事物消失以后还会再生。所以,说'未来的城市是一座废墟'是东方的概念,不是西方的概念。它是消失,也是再生。"②

美国建筑师路易·康和矶崎新有类似时间观念的,他在生命的前50年里几乎碌碌无为,年过半百后却突然脱颖而出,在人生的最

---

① 夏榆. 矶崎新:未来城市是废墟[N]. 南方周末,2004-9-2(27).
② 夏榆. 矶崎新:未来城市是废墟[N]. 南方周末,2004-9-2(27).

后 20 多年里屡有佳作问世,成为现代建筑的一代宗师。探究个中缘由,固然经济大萧条和世界大战令他虚度了 20 年大好光阴,但值得关注的是,他设计生涯的井喷恰于 1950 年在罗马的短暂工作经历之后开始的。意大利之行到底给了他哪些创作灵感呢? 在短短的三个月时间里,康参观了大量古罗马建筑遗迹和保存至今的古建筑,还绘制了大量蜡笔写生画,以自己的方式记录下古代建筑遗产带给他的最直观震撼。他首先去参观并绘制的是罗马的广场——不过并不是罗曼努姆广场或图拉真广场这样的古代遗迹,而是墨索里尼兴建的"意大利广场"(Foro Italico)。在建筑界众所周知的是,无论德国的纳粹政权还是意大利的法西斯政权都不欣赏当时在欧洲正蓬勃兴起的现代主义建筑,而是青睐所谓的"简化古典主义"(Stripped Classic),新古典主义在 20 世纪的一个变种,康在大学时代正是接受了这种风格的严格训练。在他所绘制的意大利广场蜡笔画中,有着开敞的拱廊和大片的阴影,这又恰恰是法西斯主义最擅长创造的艺术形象,他们喜欢用这种萦绕着古典氛围的画面驱赶现代主义,并牢牢控制民众的想象力。[①] 与其说这种艺术风格象征了集权专制,不如说正因为它象征了摆脱时间束缚的永恒性,才既被康这样的艺术家追捧,又迎合了独裁者的口味。除了罗马之外,康在意大利期间还参观了其他城市,用蜡笔描绘了当地的代表性建筑,比如锡耶纳的坎波广场。在他的笔下,这座建造于中世纪的广场被周边建筑洒下了鲜红的阴影,并被剔除了门、窗、行人等一切细节,而这些正是表现建筑尺度和时间性的元素(见图 14)。这幅画也展示了康此后将要建造的建筑的特征:没有任何表示尺度和时间性的元素。[②]

在康的设计生涯中,让他付出最多时间和精力的是两件位于南

---

① SCULLY V. Luis I. Kahn and the Ruins of Rome[J]. Engineering & Science, 1993(Winter):5.

② SCULLY V. Luis I. Kahn and the Ruins of Rome[J]. Engineering & Science, 1993(Winter):6.

图 14　路易·康　《坎波广场》

亚次大陆的作品——位于孟加拉国首都达卡的政府大楼和位于印度艾哈迈达巴德的管理学院。在这两件作品中,康均采用了双层薄墙的做法,并在外层砖墙上开了巨大的洞口,露出内墙,形成巨大的阴影。全砖的墙面造成了没有玻璃的视觉效果,也消除了外立面上所有暗示尺度的痕迹。用康自己的话说,他创造的是一种"废墟包裹建筑"的手法,这可以看作是将古罗马遗址在南亚的一次转译。两件作品都体现出一种庄严感,但非传统意义上皇宫一类建筑的那种富丽堂皇的庄严,而更接近于皮拉内西笔下的那种残破的庄严之美。建筑评论家斯库里认为皮拉内西是康的一个重要灵感来源,在康的办公桌后的墙上就挂着一幅皮拉内西画的古罗马地图。[①]

对于"废墟包裹建筑",康声称主要是出于功能上的考虑:砖在南

---

① SCULLY V. Luis I. Kahn and the Ruins of Rome[J]. Engineering & Science, 1993(Winter):10-11.

亚属于本土建筑材料，建筑采用的砖墙既经济又能和周围环境协调；在外层砖墙上开巨大的洞口可以获得自然采光且通风，双层墙则可以避免眩光。话虽如此，但事实上康首次在设计中采用废墟效果是在更早的加利福尼亚州萨尔克生物研究所项目中，而加利福尼亚州的阳光远不如南亚的毒辣，完全不需要靠废墟状的外层砖墙来阻挡，可见康本意上还是意图创造一种独特的视觉效果。在玻璃尚未发明的古罗马时代，人们利用建筑外墙上的大洞来获得室内大空间的采光，再加上室内巨大的券拱结构，共同创造了梦幻般的光影效果——这才是康想要通过废墟来获得的。在孟加拉国国会大厦中，体量硕大的圆柱体和立方体上开着一个个三角形、圆形、正方形的巨大孔洞，形成了一个个形状奇特的阳光容器。这些孔洞给这座建筑带来了废墟一般的视觉效果，甚至还有意外的帮助：印巴战争爆发时，巴基斯坦不满印度支持孟加拉国独立而对达卡进行了疯狂的轰炸，幸亏当时还在施工中的国会大厦表面充斥了这些形状各异的大洞，令巴基斯坦空军飞行员误以为这座大厦已经被轰炸过，就没有再投以炸弹，才使之幸免于难。

尽管康从古代遗址中汲取设计灵感，他却从不使用具体的古建筑细节如山花、柱式等，而力求保持作品的神秘感和无时间性。在康看来，任何细节都会暗示建筑的尺度，这正是他要避免的。需要指出的是，大尺度并不等于大体量——摩天大楼虽然体量庞大，却是由适合人体尺度的单层楼房一层层叠加而成的，建筑外墙上的开窗表明了这一点。如果外墙是玻璃幕墙，则可以透露出内部每一层的楼板，展示其真实的尺度。唯独不加装饰的砖墙面和墙上没有玻璃的孔洞令人无法衡量建筑的真实尺度，即便建筑物本身体量不大也能造成宏伟庄严的视觉效果。

把以上所举的例子进行比较，可以看到皮拉内西和费里斯对现存建筑采取夸大尺度的表现手法，以达到对现实的超越性审美；日耳曼尼亚计划则妄图将大尺度建筑付诸现实，以实现政治野心，结果以失败告终；至于矶崎新和康，虽然也心仪大尺度，却是通过设计手法让正常规模的建筑丧失尺度感，从而令它们看起来很宏大。从这个意义上讲，尽管皮拉内西和费里斯重于表现建筑，矶崎新和康重于实现建筑，他们在审美和实践态度上才具有真正的一致性。

  康非常推崇德国哲学家叔本华，后者认为世界分为两部分：一方面是表象，一方面是意志，任何表象都只是意志的客体化。康则认为，一座建筑在被赋予纸面上的形态或实体的存在前就已经有了存在与表达的愿望，而建筑师的使命就是帮助这种愿望得以顺利实现。建筑师应当问砖："砖，你想成为什么？我要把你塑造成你想成为的那个样子。"正是在这样的哲学思想指引下，他对废墟的推崇也有了更明确的思辨意味，废墟不仅意味着衰亡之后的永恒，还诉说了贯穿存在与死亡的意志。在康看来，一座建筑只有在两个时刻才是最具有诗意的，即在施工的过程中和成为废墟以后，因为只有在这两个时刻，它被建造出来的愿望才得以完全表达。当建筑被建造时，存在于世的渴望将它带到了世上。当它被建成，被人使用时，它的每一部分都带着强烈的渴望向人诉说，诉说自己是如何被创造出来的。但是，人们却无暇驻足倾听，因为人们满足于建筑的使用功能，它被建造的渴望无法明确显现。而当时光流逝，建筑逐渐破败，沦为一堆废墟时，它的灵魂便又回来了。每个从它身边经过的人都能听见它想诉说的故事，关于它是如何被建造出来的故事。[①] 时间的流逝和静止并不是决然对立的，在超越现实常态的宏观尺度上，沧桑与永恒本来就是统一的。无论康借鉴废墟的初衷是什么，也无论他对废墟究竟作何理解，至少他的作品中那种无时间性的效果是显而易见的，正是这种效果在时间层面实现了对当下的超越。

---

  ① COOK J W, KLOTZ H. Conversations with architects: Philip Johnson, Kevin Roche, Paul Rudolph, Bertrand Goldberg, Morris Lapidus, Louis Kahn, Charles Moore, Robert Venturi & Denise Scott Brown[M]. New York: Praeger, 1973: 183.

第七章
结　论

第一节　哲学理论与建筑设计

一、设计何为

本书的主题是建筑审美,出发点是对建筑和场所的个人体验,似乎与实际应用的联系并不密切。我们甚至可以这样发问:"建筑现象学究竟能不能,或者在多大程度上能够对建筑设计起到指导性作用?"对此,建筑学者丁力扬认为,建筑师关注的是建筑,现象学不过提供了一种思考工具,帮助我们进入现象学的态度中并开始对建筑的沉思,而指导设计建筑则完全是另一回事。[①] 霍尔倒是明确承认梅洛-庞蒂的知觉现象学对自己的启发,但即便梅洛-庞蒂的"位在中间状态"为他提供了实现"纠结的体验"的动机,还是没有为设计提供直接的指导。毕竟,设计者脑海里具体的建筑形象可以在现实中如实再现,而由建筑构成的场所氛围却是无法被量化的,那么,现实中

---

① 丁力扬,王飞. 如其所是的建筑[J]. 城市·空间·设计,2011(3):8.

场所呈现出来的氛围是否也早在设计者当初的预料之中？

霍尔认为，建筑物被束缚于所处的地点，通过与场所的融合超越物质和功能的需要，成为场所中具有深刻意义的景象。建筑在时间、光线、空间、物质上的轮廓原本是无序的，形体和比例也有待激活，建筑的物质概念和精神概念在实际结构中彼此缠结在一起，被综合于空间、材料和光线的安排中。① 建筑的物质概念包括材质、形体，这些是通过设计进行安排的；精神概念则体现为人对建筑的体验，这是由经验来承载的。通过对建筑物质因素的体验，建筑师获得了对建筑的精神概念，并试图在此基础上创造出一种能引导和唤起他人心灵感受的建筑环境来。但问题是：既然建筑师的体验属于个人经验，那么它在多大程度上能够被复制进别人的意识？毕竟，个人化的经验是一回事，让别人分享同样的经验是另一回事，要把个体经验如实地传递给他人，这能够凭借技术手段实现吗？

卒姆托也表达过类似的困惑：美，究竟从何而来？我们在场所中体验到美感，但打动我的那些外观是否真正是美的，这一点却无法通过形式本身来作恰当的判断，因为美的感受与其说是由这些形式所激发，不如说是从形式转移到我们身上来激发的。他不禁问道：

> 美可以设计出来、制造出来的吗？保证我们制成品之美的法则是什么？知道对位法、和声、色彩理论、黄金分割和"形式追随功能"是不够的。方法和技巧——所有那些美妙的手段——并不能取代内容，它们亦不能保证就能产生充满魅力的美的整体。②

的确，场所是由拥有具体形象的建筑构成的，但我们在场所中感受到的美却未必来自这些美观和谐的形体，而是来自综合感官构成

---

① 斯蒂芬·霍尔. 锚[M]. 符济湘, 译. 天津：天津大学出版社, 2010：7-9.
② 卒姆托. 思考建筑[M]. 张宇, 译. 北京：中国建筑工业出版社, 2007：77-78.

的氛围体验。形体之美是理性的,氛围之动人却是感性的。我们掌握了理性的构成法则,可以创造出精巧的装饰、匀称的比例、鲜艳的色彩,还有一个个符合美观原则的形体,却未必能营造出动人的氛围。反之,就算我们在场所中获得了深刻的审美体验,却不见得是设计者通过物质材料事先设定好的。在这里,手段和内容之间并不存在一一对应的关系。更何况,卒姆托表示,要实现美,必须和自己保持一致,在自己内心建立美,相信自己所见的准确性,相信自己在现实的感性中体验的东西。① 也就是说,对场所之美的体验往往是主观的,从个人经验出发的,起决定性因素的不仅是场所自身的客观特性,还包括个人的主观经验,被场所氛围所勾起的个人回忆。这样一来,场所的形式和美感之间的关系就完全是偶然的、不确定的,我们又如何通过对形式的设计来营造场所氛围,创造场所之美呢?

  对于地理学家来说,对场所的情感来自于人与地之间长时间的磨合。段义孚认为,地方意味着安全稳定,空间意味着自由开阔。地方是一种特殊的物体,是价值的凝聚,乃人类居停所在,当我们对空间感到熟悉的时候,空间就变成了地方。时间和地方的关系在于:地方因时间而呈现,成为过去时间的记忆,在一个地方留下值得回忆的事迹成为存留我们脑海中的事实。② 在段义孚眼里,空间是独立于时间存在的,而地方则是与时间相关的。当人开始面对一个崭新的陌生环境时,周围都是没有特征的空间,而随着他在这里长期居留产生熟悉感,这个地方才具备"地方性"。它因人的生存而存在,被人的居留和活动赋予价值,也因为在其中发生的事而和人的记忆紧密联系在一起。可见,地理学家并不关心场所氛围带给人瞬间的审美体验,却看重因长期居住而产生的心理关联。只要有时间的积累,再陌生冰冷的空间都有可能变成熟悉温暖的地方,建筑师在这里并不扮

---

  ① 卒姆托. 思考建筑[M]. 张宇,译. 北京:中国建筑工业出版社,2007:78.
  ② 段义孚. 经验透视中的空间和地方[M]. 潘桂成,译. 台北:"国立编译馆",1998:4,10,68,178.

演决定性的角色。

另一位地理学家雷尔夫的观点恐怕会更令建筑师们沮丧,因为他几乎完全否定建筑设计对于居住者心理的正面影响。在《地方和无地方性》一书中,他将"地方"的本质设定在当地居民不自觉的意向中,虽然场所具有事件性的特征,但这事件却并非能够设计出来的,而往往是偶然发生的。雷尔夫以英国政府"城市更新计划"的消极影响为例,指出居民因为丧失了和土地的持续关系,虽然重新获得了经过精心设计的居所,却从未真正恢复过去的生活。相比之下,自发形成的传统的乡村风景作为"没有建筑师的建筑",天生就具备真实而不自觉的场所感,也由此创造了和谐。所以他指出:"真正的地方感"是在居住过程中,伴随着不自觉的经验而产生的。有的时候,居住和使用会"借"给场所以真实性。二战时期的英国,临时居住区的住户们因为长期的居住和使用,也会对该居住地产生一些归属感,但这种"真实性"永远达不到地方感最深的水平,就如同绘画原作和摹本的差别。显然在雷尔夫看来,即便因为长期居住产生了一定情感,只要居住地是人为设计的,就不可能获得"真正的地方感"。经统计,只有20%的房屋是被建筑师所影响的,而被设计出来的房屋就算和场所具有某种联系,这种联系也极少是在设计时能够被预估到的。[1]

看了这些例子,我们不禁要问:建筑师何为?如果真的按照雷尔夫所说的,真正的地方感来自于自发形成的、非刻意设计的场所,而现代化的设计无论怎么关注功能和生态环境,都无法形成真正的地方感,最多也是因为长期居住而形成的"摹本"而已,那么建筑设计的作用何在?换一个角度看,就算完全按照最简单的功能设计的住宅区,只要长期居住、使用,多少也能产生一定的"地方感摹本",反倒是后现代主义建筑师们为了唤起公众记忆而炮制了大量传统符号,结果造就了成批商业化的假古董,让人觉得虚假、不真实。那么,建筑

---

[1] RELPH E. Place and Placelessness[M]. London:Pion,1976:43、62-68.

设计究竟有什么意义,建筑师的价值又在哪里？是不是建筑师设计时完全不需要考虑历史文脉、视觉环境、公众心理这些精神层面的因素,而只要完成基本的功能需要即可,剩下的就全交给使用者自己去磨合？——下面的例子或许可以让建筑师们恢复些许信心。

前文曾提到,本雅明在《柏林童年》中将柏林描绘成供自己迷路的迷宫,以一种梦想的方式回忆了童年时生活过的城市。他是这样写的：

> 对一座城市不熟,说明不了什么。但在一座城市里迷失方向,就像在森林中迷失那样,则与训练有关……这样的艺术我后来才学会,它实现了我的那种梦想,该梦想的最初印迹是我涂在练习簿吸墨纸上的迷宫。①

是什么令本雅明在"后来"学会了迷路的艺术,实现了童年的梦想？在另一篇作品《柏林纪事》里,他给出了答案,对上面的段落作了另一番描写：

> 在一个城市里找不着道很令人乏味无趣。只要无知就成——用不着别的。不过,在一个城市迷路——就像在森林中迷路——那就需要交点别的学费了……巴黎教会了我这种迷路的艺术;它圆了我一个梦,这个梦在学校作业本污渍斑斑的纸页上的迷宫里早就露端倪了。②

原来,是巴黎让本雅明在"后来"学会了迷路的艺术,实现了在柏

---

① 本雅明.柏林童年[M].王涌,译.南京:南京大学出版社,2010:7.本雅明于1932年开始创作《柏林纪事》,1938年的最后定稿为《1900年前后柏林的童年》,篇幅有了很大增加。《1900年前后柏林的童年》最早为阿多诺在1950年整理出版,1981年又发现了本雅明本人生前对此书的最终审定稿,《柏林童年》为该书的中译本。
② 本雅明.莫斯科日记·柏林纪事[M].潘小松,译.北京:商务印书馆,2012:202.

林时就怀揣的梦想。当《柏林纪事》和他的另一部作品《莫斯科日记》结集出版后,就更让人通过他对柏林、巴黎和莫斯科的不同描写,看到了这三座城市在作者眼中的不同内涵。对本雅明来说,巴黎不仅是巴尔扎克笔下纸醉金迷的城市,它身上的那番梦幻光彩足以激发波德莱尔和布勒东的诗意情怀,还能教会自己以同样的眼光去回忆、去梦想曾经生活过的另一座城市柏林。而莫斯科呢?这却似乎是一座非此即彼、非左即右的城市,这里不允许迷路,不然就会陷入政治的陷阱。关于莫斯科,本雅明写了大量关于吃的内容,城市和建筑的形象则是灰暗的,甚至会勾起人恐惧的想象。这固然和当时莫斯科的物质生活和政治生活现实有关,但又何尝不是由莫斯科这座城市本身造成的呢?本雅明研究者王璞在《莫斯科日记》的读后感里指出,凭着本雅明对空间自由的超人敏感,在莫斯科依然能像单行道上的游荡者那样漫步,却又好像酒后的趔趄,只是在堡垒外踟蹰。毕竟,在这样的地方即便迷路也无乐趣可言。[①]

可见,即使对城市空间敏感如本雅明者,也不可能在任何地方都实现迷路这一诗意的梦想。巴黎教会了本雅明主动驾驭场所迷失的本领,让他重温在柏林时的梦幻时光,却无法让他用同样的眼光看待莫斯科。对城市与建筑的超越性审美固然需要审美的态度,但也少不了城市或建筑自身的品质。而这种属于城市和建筑自身的美学品质,又不可能完全超出形式层面的美,而完全交给讲究个体体验的现象学来指导。外在形态并非"诗意地栖居"的充分条件,甚至都不是必要条件,但倘若连最基本的物质形态都无法保证,深层次的审美又从何谈起?否则的话,还会导致这样的悖论:倘若现象学美学真有这般能耐,能让现代人在喧嚣繁杂的钢筋森林里随时找到心灵的归宿,实现诗意地栖居,那建筑岂不是只要满足基本使用功能即可,还要建筑师费尽心思去设计美观、人性化的作品干什么?

---

① 潘小松.中译本再版序言[M]//本雅明.莫斯科日记·柏林纪事.潘小松,译.北京:商务印书馆,2012:7-8.

从接受美学的角度来讲,艺术家完成的作品需要接受者的鉴赏和解读才能体现审美性,所以任何艺术品本身都是开放的,不同观众对同一件作品会得出完全不同的理解。对建筑设计者来说,他只能保证建筑形体完全符合自己的预期,而同一形体在不同人眼中都会呈现出不同的内涵,更不要说那些形体之外的结果,比如建筑的氛围就很难由设计者完全掌控。对于普通公众来说,他们体验建筑所采用的方式可能是建筑师未曾预期的,所获得的体验也很可能超出设计者的预期。一个建筑自身所包含的信息中,未进入通约的部分要比进入通约的、属于共同感受的部分更多。[1]

同时必须强调的是,人与场所之间不是简单的主客关系,而是有着互动的共在关系,人对场所的体验也必然受到处于场所中人的影响。人同陌生的环境需要相互磨合,同环境中的其他人也需要相互磨合。如果在一个场所中取消了人的存在,会导致时间和尺度感的丧失;而场所中有了人的参与,也会使它产生独特的氛围。本雅明认为波德莱尔喜欢孤独,但他要的是"置身于人群中的孤独"。城市生活无法缺少人的存在,只有在由人烘托的巴黎都市生活中,才能成就波德莱尔作为一名"闲逛者"的存在。人群的功能有时就和城市里的建筑一样,让城市场所超越常态,展现出不寻常的风情:"人群是一层面纱,熟悉的城市在它遮掩下如同幻境一般向闲逛者招手,时而幻化成风景,时而幻化成房屋"。[2]

二、建筑审美的主体间性

现象学以个体意识为出发点,而建筑作为一门具有使用价值的艺术,带有公共的属性,两者间先天地存在着矛盾。这一矛盾是否能够调和,让我们由建筑审美的"主体性"进展到"主体间性"呢?和康

---

[1] 周诗岩.建筑物与像:远程在场的影像逻辑[M].南京:东南大学出版社,2007:191.

[2] 本雅明.巴黎,19世纪的首都[M].刘北成,译.北京:商务印书馆,2013:20、116.

德一样，胡塞尔哲学体系的建立也基于这样一个假设：人同此心，心同此理——所有人的认识结构、意识结构都是一样的，一旦这一"阿基米德点"出现松动，他的现象学理论大厦也就难免坍塌。正因为此，他在学术生涯晚年把目光投向了"生活世界"，试图为一切思维和客观意义寻找一个原始基础。当然，这条路不是一帆风顺的，一个核心的问题就在于：主体间的交流如何实现？胡塞尔试图通过结对、共现、移情（同感）的方式完成"他我"的构建，以填平自我和他者所构成世界之间的鸿沟，最终实现交互主体性的世界。① 但显而易见，这种"移情大法"在本质上并没能突破唯我论的藩篱，他也陷入了从笛卡尔到康德都无法彻底摆脱的困境：人如何能够在下水以前，先在岸上学会游泳？

德里达倒是指出了胡塞尔重视直觉而忽视经验和符号作用的局限，把视线投到了语言上。但他却让本应作为交流工具的语言自我演绎，通过"延异"的概念将书写变成了原始符号，不光摆脱了一切使用交往语境，还独立于作为语言者和听众的主体，反而使语言丧失了交流沟通的功能。② 和德里达一样，哈贝马斯也抓住了胡塞尔忽视语言交流的漏洞，认为他以先验自我为出发点，所以没能以语言交流为中介，而从个体意识和意义赋予行为出发去重建主体间性关系。③ 但不像德里达那样让语言独立于人的交流，哈贝马斯要求用交往行为替代"移情"，使独白式的交互主体性冲破纯粹意识的领域，具备了真正的交流性。既然语言学能够一定程度地弥补现象学的缺陷，我们不妨也把相关理论引入建筑学领域，在建筑审美的层面实现从主体性到主体间性的跨越。而追求象征性和隐喻性，尊重传统文脉的"后现代主义建筑"无疑是诠释建筑语言的最佳例子。

---

① 胡塞尔. 笛卡尔式的沉思[M]. 张廷国,译. 北京：中国城市出版社,2002：148-168.
② 哈贝马斯. 现代性的哲学话语[M]. 曹卫东,等,译. 南京：译林出版社,2004：204-208.
③ 哈贝马斯. 现代性的哲学话语[M]. 曹卫东,等,译. 南京：译林出版社,2004：197.

以抨击现代主义和鼓吹后现代主义而著称的詹克斯认为,建筑的天性是一种语言,既然是语言,就必须具备和公众的交流性。然而,现代主义建筑却陷入了"单一的形式主义和粗率大意的象征主义",因此蜕变成一种无法与公众交流的语言。他以赖特和贝聿铭的某些作品为例,认为它们虽然形式震撼人心,但却表达不出什么意义来,正是这种"在隐喻上说走了嘴"的毛病导致了现代主义建筑的危机乃至"死亡"。但在批评现代主义建筑内容空洞的同时,詹克斯却又大力推崇能够提供多重飘忽不定隐喻的后现代建筑,认为"隐喻越多,这场戏就越精彩"。① 美学学者沈语冰由此指出了詹克斯的矛盾之处:现代主义与后现代主义的区别不在于现代主义不要隐喻,而后现代主义恢复了隐喻;而是什么样的隐喻?难道后现代的隐喻是否一定比现代主义的隐喻更有趣、更人性?而这一矛盾的症结就在于:虽然詹克斯对现代主义建筑的攻击和对后现代建筑的辩护建立在"建筑是一种可交流的语言"的基础之上,他却不是在语用学的水平,而是在语言学的水平上谈论"后现代建筑语言"。② 换言之,詹克斯所看重的,并不是建筑物如何通过建筑语言向公众传达信息,而是建筑传达了多少信息,以及怎样的信息。

     相比之下,被公认为后现代建筑师代表人物的文丘里更关注符号的表达方式。他认为,现代主义建筑在摈弃表面装饰、取消符号的同时,却让空间取代了符号的位置,把空间当作符号进行专横而做作的塑造,结果导致了大量夸张而扭曲的形体,反而背离了注重功能和造价的初衷。③ 所以文丘里要求建筑摒弃独特的形体,但应该恢复传统化的表面装饰。他大力推崇拉斯维加斯的商业建筑,并非赞赏这些炫目的装饰所传达的商业信息,而是赞赏它们吸引公众注意的

---

   ① 詹克斯. 后现代建筑语言[M]. 李大夏,译. 北京:中国建筑工业出版社,1986:15、27.
   ② 沈语冰. 20世纪艺术批评[M]. 杭州:中国美术学院出版社,2003:220、231.
   ③ 文丘里,布朗,艾泽努尔. 向拉斯维加斯学习[M]. 徐怡芳,王健,译. 北京:知识产权出版社,中国水利水电出版社,2006:137-146.

方式——传统符号的意义不在于符号本身的隐喻,而在于避免建筑被扭曲成奇形怪状。正是出于这一原因,文丘里一向反对把自己划入"后现代"的行列,而坚称自己所做的是对现代主义建筑的纠偏。对此,一向反对各种"后现代"的哈贝马斯也承认,文丘里对现代主义建筑的嘲笑标志了后者对内与外、美观与实用之间统一要求事实上的破产。只不过在他看来,现代主义建筑的危机还有更深层次的社会学根源:现代都市中千篇一律的办公楼让人无法识别其功能,这是都市生活日益被无法赋形的系统关系干预所致,理想化的城市规划因此成了泡影。①

言归正传。后现代建筑追求隐喻的表达,而在建筑现象学的领域里,建筑被视作唤起记忆、"打开世界"、承担"场所精神"的载体。在审视建筑的时候,如果像詹克斯那样局限于语言学层面,则我们必然会纠结于建筑"表达了怎样的隐喻""打开了怎样的世界"或"承载了怎样的场所精神",而如果语言果真如德里达所言具备自我演绎的能力,则无论何种建筑蕴含了何种隐喻、打开了哪个世界,都不可能是唯一解,公众对建筑的认知无法达成共识,从建筑审美的主体性向主体间性的跨越就只能是镜花水月。而如果像文丘里那样,能够在语用学层面谈论建筑和建筑语言,则我们关注的将是建筑如何传达隐喻、如何打开世界,或是如何承载场所精神。只有这样,建筑才能真正扮演语言的角色,成为供人交流的工具。后现代建筑师注重通过视觉符号传达信息,推崇现象学的建筑师们则关注光影、质感这些涉及多重感官的细节塑造,尽力创造出能唤起个体记忆、激发深刻体验的优秀作品来。看起来,我们兜了个大圈子,又要回到本书的原点,去向拉斯姆森、帕拉斯马、霍尔这些建筑师寻求答案了。

应当承认,无论"建筑七感""肌肤之目"还是"纠结的体验",无非都是一些设计上的思路,不能奢求将它们和哲学理论严格地一一互

---

① 哈贝马斯. 现代建筑与后现代建筑[G]. 周宪,译 // 周宪. 激进的美学锋芒. 北京:中国人民大学出版社,2003:42.

译,但现象学的引入又可以为建筑设计带来新的活力。按照这些方法所设计出来的建筑作品,与其说可以如实传达设计者想要创造的场所氛围或体验,不如说它们的形象具备了营造更多意想不到的动人氛围,激发更多人独特的想象和回忆,唤起更多令人难忘而充满"诗意"的场所体验的可能性。用法国诗人圣伯夫的话来说,最伟大的诗人不是创作得最多的,而是启发得最多的。至于这些被建筑形象所"启发"的具体氛围和体验是什么,成因是什么,又能够达成怎样的效果,则大概率是偶然的,因人而异。以霍尔为例,他面向身体和知觉进行设计,设置开放的流线,让人在运动中产生复杂的感知,同时将作品的形体变形、套叠,打造一个光线的容器。对他来说,建筑需要呈现个人体验,应当具备叙事性的特征,但所叙的"事"却不是固定的,只要空间足够精彩动人,它既可以是住宅,也可以是图书馆或者教室。正因为此,霍尔的作品摆脱了单纯而清晰的形体符号,展示了强烈的个体性——一种超越了设计者或者作品自身的个体性,每个人都能从中获得属于自己的感悟,建筑也由此实现了从主体性到主体间性的跨越。艺术作品可以打开世界,但并非一切艺术作品都能打开世界,梵高画的农鞋可以,其他人的画却未必。"打开世界"不仅是艺术品的特征,也是对艺术品的要求,只有优秀的艺术品,才能为观者打开超越当下的世界。艺术品越是优秀,打开的世界越多,打开的世界越精彩。同样,建筑作品形体越是优秀,空间越是丰富,创造的视觉效果就越多,就越是能激发人的独特审美体验。从设计的角度讲,"优秀"建筑的标准仍然是关乎物质层面的形体比例、色彩等元素,人情味这一类心理层面的考量也是可以量化的——适当的尺度、宜人的材质、可供相互交流的空间——但它带给人的心理体验却是超越形体、无法预期也无法量化的。若把建筑扩展到城市的尺度,道理也是一样的,优秀的规划设计师必然能够创造出与人心契合的环境,让更多人在同一座城市里发现本雅明笔下的"巴黎",感受不同"真理"的"自行置入"。

卒姆托也为自己找到了答案。毕竟，场所氛围虽然感性，却不是什么虚幻的东西，它是由具体事物和客观的建筑语言营造出来的——人群、空气的特质、光线、喧嚣、声响和色彩，还有材料、纹理和形式——"是我所能理解的形式。是我试图解读的形式。是美得让我心动的形式。"在我们的情感和周遭事物之间有一种亲密的关系，建筑师要做的就是努力把握这种关系。我们的居住空间是由事物有形的外表构成的，只有通过对实实在在的形式和结构的塑造，才能获得激起我们情感的场所氛围和空间氛围。那么，究竟需要通过怎样的形态才能创造出成功的建筑，创造出那种出自个人体验之特定瞬间的建筑，并由此获得能够唤起情感的独特氛围呢？对于那些在特定瞬间表现出魅力的东西，对于那些能唤起我们在其他地方体验不到的品质的迷人质素，是否有可能赋予其具体的形态？卒姆托的答案是：建筑的材质、空间的声响、空间的温度、室内的结构、室内外张力、建筑尺度以及光线——正是这些具体的形式元素呈现了充满魅力的氛围。[①] 通过这些手段，卒姆托达成了建筑、环境和人之间的对话，无论是借助温泉浴场地域性的石材还是美术馆现代化的玻璃幕墙，也无论参与对话的是山地还是湖水，都让人感受到光线无处不在的静默共鸣。平庸的建筑师在从事设计工作时，只能拘泥于图纸上建筑物的形体和装饰，无法看到更多的东西；优秀的建筑师则会时刻设想在不同的点看待自己的作品，看它呈现出的各种透视效果；卓越的建筑师能够跳出这些有形的元素，随时对无形的氛围进行推测，思考这些有形的材料所营造的氛围会是什么样的，是否足以打动自己，继而打动他人，甚至产生意料之外的动人效果。

---

① 卒姆托.思考建筑[M].张宇,译.北京:中国建筑工业出版社,2007:84-87.

第二节 器具的称手与技术的救渡

用海德格尔的术语来说,建筑是一种器具,设计是一种技术。器具同时具备有用性和可靠性,技术则不仅是一种手段,还是一种解蔽方式。器具在隐而不显中释放自己的本质,器具越是称手,它的独特存在就越不明显,越不触目。[①] 在房屋中居住就和使用锤子一类的工具一样,器具在与人的照面中上手,使人有了亲熟感,既产生有用性,又具备可靠性。人越是感觉不到对象的存在,它就越是具备上手性。在传统生活中,工具的铸造也好,房屋的营造也好,都来自于世代相传的"技艺",而不是现代意义上的"设计",器具的上手性固然出自制造者的匠心,更多的还是靠使用者与之日复一日地相互磨合。而在现代生活中,无论供使用的工具,还是供居住的房屋,它们的实用性更多得益于针对性的设计。如果一件工具使用起来很称手,那其实是深谙结构力学、人体工程学的设计师的功劳。在一座建筑里工作学习,如果举手投足或是去任何功能性的空间都很便捷,那也不是因为在这里待习惯了,而是建筑师当初精心布局的结果。柯布西耶根据人体尺度绘制了一系列模数图,把人当作客体精确算计,却造就了实用的建筑空间和家具,让人在生活中消除了与环境的对立。就建筑功能而言,传统建筑固定的形制和繁杂的装饰是一种束缚,传统技艺相应地也是一种"遮蔽",而现代建筑从结构和功能出发,设置流动空间,把人的生存从繁杂的装饰中解放出来,把空间从固定的形制中解放出来,也成就了作为技术的设计的解蔽性。如海德格尔所言,技术是在解蔽和无蔽状态的发生领域中,在真理的发生领域中成

---

① 海德格尔.林中路[M].孙周兴,译.上海:上海译文出版社,2013:46.

其本质的。①

哪里有危险,哪里就有救渡。技术之本质现身,就在自身中蕴含着救渡的可能升起。② 作为现代技术的设计虽然把人当作计算的对象,但正是它满足了人对建筑的最基本需求——居住,在此基础上人才可能去追寻更高层次的追求——栖居。倘若连基本的物质生活都无法保证,遑论对精神上的追求。而设计的功绩不止于此,由它造就的形体优美的建筑、层次丰富的场所,虽然无法直接提供给人以深刻内在的体验,却又正是它带给人更多唤起独特记忆和幻想的可能——霍尔和卒姆托的努力无不证明了这一点。在艺术中沉思技术,使技术的本质在真理中现身。技术为我们创造了现实,我们则要在技术创造的现实中栖居,充满劳绩,又充满诗意。

---

① 海德格尔.演讲与论文集[M].孙周兴,译.北京:生活·读书·新知三联书店,2005:12.

② 海德格尔.演讲与论文集[M].孙周兴,译.北京:生活·读书·新知三联书店,2005:33.

后　记

伊塞尔认为，任何作者在写作时都会有一个虚拟的"潜在读者"，时刻在作者心中萦绕，干预、参与他的创作——这是作者想象出来的，他未来作品可能的读者。对我而言，这本书的"潜在读者"就是多年前的我自己，那个在西递村第一次对场所审美有了独特体验，并从此不断寻求解答，寻找场所迷失根源的我自己。在整个读博和博士论文写作的阶段，我都感觉这个自己就一直坐在面前，不断与我交流，向我提问，我则不厌其烦地传道解惑，讲述心得。在论文完成的那一刻，我感到了坦然与释怀，不仅因为对得起自己这几年的跨界苦读，更因为对得起自己多年来的苦苦追寻，如今终于有了一个交代。而当我要把博士论文改写成专著的时候，也不得不面对这样的问题：这本书是写给谁看的？它在现实中的读者又应该是谁？虽然建筑学和现象学的结缘从20世纪70年代就已开始，但是多年来，"建筑现象学"几乎只在建筑界才被使用：或是某个建筑的设计被认为遵循了现象学的方法，或是现象学的概念被拿来评价某个城市景观。毕竟对于哲学界来说，不太需要实践性极强的建筑学提供论据，而对于建筑学尤其是建筑理论界来说，通过形而上的哲学来寻求理论基础，则无疑有着积极的意义。

也正因为此，虽然这原本是一篇让我获得哲学博士学位的论文，我还是需要把它改写成一本面向建筑界的专著。为此,我删除了一些属于纯粹哲学领域的内容,力求让非哲学专业的读者也能够理解论证过程。当然,不是说因此我就削弱了本书在哲学上的严谨度,我所希望的是:无论建筑界还是哲学界的读者都能认同本书,认可其专业价值。尤其对于哲学界的读者而言,哪怕你们不是本书主要的"潜在读者",我也殷切地希望你们能在现实中给予回应。当然,由于我在哲学上是半路出家,现象学的修行尚浅,故而对于书中必然存在的错误和不足——或是对现象学的肤浅认知甚至误解,或是对现象学与建筑的牵强互译——也请各位专业人士能明确指出,我将不胜感激。我更希望的是,这本书能够起到抛砖引玉的作用,引起更多人对场所审美这个主题和建筑现象学这门学科的兴趣,催生更多学术成果,为国内近十年来已悄然沉寂的建筑现象学研究再激起一丝波澜。

在本书完成之际,有必要对诸位亲朋师友表达谢意。感谢我的博士生导师冯俊老师,感谢您对我博士论文的悉心指导,将其学术水准提升到一个新的台阶。感谢同济大学人文学院的孙周兴、陈家琪、张闳、朱大可、徐卫翔等各位老师,你们在课堂内外的教诲令我获益匪浅,同时也要感谢复旦大学的佘碧平老师在答辩时给予我的认可。

感谢同济大学建筑城规学院的各位老师,是你们为我在本科期间打下了建筑学的扎实基础。犹记当年李翔宁学长是我们这届新生的班主任,是你带领我们走进学科的大门;当时正在读博的王澍学长则通过一次次的学术沙龙活动,让我对建筑表面之下的哲学内涵产生了兴趣。

感谢上海视觉艺术学院基础教育学院、设计学院生态建筑专业的各位领导和同事,能和你们共事是我的荣幸,让我在专业上始终保持着一份自我激励。我还要感谢我的学生们,和你们在一起让我从不缺少活力与激情。

感谢父母,感谢你们对我多年求学之路,尤其是长年海外求学的支持与付出。感谢岳父和岳母,感谢你们对幼子多年的抚育与呵护,解除了我攻读博士的后顾之忧。感谢爱妻,感谢你这些年来的包容与鼓励,在生活和事业上对我的关心与帮助,才让我的学术之路能够一直走到今天。

最后感谢所有在我成长和学习历程中帮助过我的人,无以回报,唯愿这本书是我交出的合格答卷。

参考文献

译著——哲学,心理学

[1] A.D.史密斯.胡塞尔与《笛卡尔式的沉思》[M].赵玉兰,译.桂林:广西师范大学出版社,2007.

[2] 柏格森.材料与记忆[M].肖聿,译.南京:译林出版社,2011.

[3] 柏格森.时间与自由意志[M].吴士栋,译.北京:商务印书馆,2002.

[4] 德勒兹.电影Ⅱ:时间—影像[M].谢强等,译.长沙:湖南美术出版社,2004.

[5] 德勒兹.普鲁斯特与符号[M].姜宇辉,译.上海:上海译文出版社,2008.

[6] 德勒兹.哲学的客体[M].陈永国,尹晶,译.北京:北京大学出版社,2010.

[7] 狄尔泰.历史中的意义[M].艾彦,译.南京:译林出版社,2011.

[8] 杜夫海纳.美学与哲学[M].孙菲,译.北京:中国社会科学出版社,1985.

[9] 杜夫海纳.审美经验现象学[M].韩树站,译.北京:文化艺术出版社,1996.

[10] 杜威.艺术即经验[M].高建平,译.北京:商务印书馆,2010.

[11] 弗洛依德.达·芬奇对童年的回忆[M].车文博,译.长春:长春出版社,2010.

[12] 弗洛依德.论创造力与无意识[M].孙恺祥,译.北京:中国展望出版社,1987.

[13] 哈贝马斯. 现代建筑与后现代建筑[G]. 周宪,译 // 周宪. 激进的美学锋芒. 北京:中国人民大学出版社,2003.
[14] 哈贝马斯. 现代性的哲学话语[M]. 曹卫东,等,译. 南京:译林出版社,2004.
[15] 海德格尔. 存在与时间[M]. 陈嘉映,王庆节,译. 北京:生活·读书·新知三联书店,1999.
[16] 海德格尔. 荷尔德林诗的阐释[M]. 孙周兴,译. 北京:商务印书馆,2000.
[17] 海德格尔. 林中路[M]. 孙周兴,译. 上海:上海译文出版社,2013.
[18] 海德格尔. 路标[M]. 孙周兴,译. 北京:商务印书馆,2011.
[19] 海德格尔. 面向思的事情[M]. 陈小文,孙周兴,译. 北京:商务印书馆,1996.
[20] 海德格尔. 形式显现的现象学[M]. 孙周兴,译. 上海:同济大学出版社,2006.
[21] 海德格尔. 演讲与论文集[M]. 孙周兴,译. 北京:生活·读书·新知三联书店,2005.
[22] 海德格尔. 在通向语言的途中[M]. 孙周兴,译. 北京:商务印书馆,1997.
[23] 海德格尔. 哲学论稿[M]. 孙周兴,译. 北京:商务印书馆,2012.
[24] 胡塞尔. 纯粹现象学通论[M]. 李幼蒸,译. 北京:商务印书馆,1997.
[25] 胡塞尔. 笛卡尔式的沉思[M]. 张廷国,译. 北京:中国城市出版社,2002.
[26] 胡塞尔. 经验与判断[M]. 邓晓芒,张廷国,译. 北京:生活·读书·新知三联书店,1999.
[27] 胡塞尔. 逻辑研究·第二卷第二部分[M]. 倪梁康,译. 上海:上海译文出版社,2006.
[28] 胡塞尔. 逻辑研究·第二卷第一部分[M]. 倪梁康,译. 上海:上海译文出版社,2006.
[29] 胡塞尔. 内时间意识现象学[M]. 倪梁康,译. 北京:商务印书馆,2009.
[30] 胡塞尔. 生活世界现象学[M]. 倪梁康,张廷国,译. 上海:上海译文出版

社,2005.

[31] 胡塞尔. 现象学的观念[M]. 倪梁康,译. 北京:人民出版社,2007.

[32] 康德. 纯粹理性批判[M]. 蓝公武,译. 北京:商务印书馆,2012.

[33] 马斯洛. 存在心理学探索[M]. 李文,译. 昆明:云南人民出版社,1987.

[34] 梅洛-庞蒂. 眼与心:梅洛-庞蒂现象学美学文集[M]. 杨大春,译. 北京:商务印书馆,2007.

[35] 梅洛-庞蒂. 知觉现象学[M]. 姜志辉,译. 北京:商务印书馆,2001.

[36] 威廉·詹姆斯. 心理学原理[M]. 郭宾,译. 北京:中国社会科学出版社,2009.

[37] 扎哈维. 胡塞尔现象学[M]. 李忠伟,译. 上海:上海译文出版社,2007.

译著、译文——文学,美学

[38] 巴什拉. 空间的诗学[M]. 张逸婧,译. 上海:上海译文出版社,2009.

[39] 本雅明. 巴黎,19世纪的首都[M]. 刘北成,译. 北京:商务印书馆,2013.

[40] 本雅明. 柏林童年[M]. 王涌,译. 南京:南京大学出版社,2010.

[41] 本雅明. 本雅明文选[M]. 陈永国,马海良,译. 北京:中国社会科学出版社,1999.

[42] 本雅明. 德意志悲苦剧的起源[M]. 李双志,苏伟,译. 北京:北京师范大学出版社,2013.

[43] 本雅明. 经验与贫乏[M]. 王炳钧,杨劲,译. 天津:百花文艺出版社,1999.

[44] 本雅明. 莫斯科日记·柏林纪事[M]. 潘小松,译. 北京:商务印书馆,2012.

[45] 大卫·哈维. 时空之间:关于地理学想象的反思[G]//包亚明. 现代性与空间的生产. 王志弘,译. 上海:上海教育出版社,2003.

[46] 居伊·德波. 景观社会[M]. 王昭凤,译. 南京:南京大学出版社,2006.

[47] 居伊·德波. 景观社会评论[M]. 梁虹,译. 桂林:广西师范大学出版社,2007.

[48] 克拉考尔. 电影的本性[M]. 邵牧君,译. 南京:江苏教育出版社,2006.

[49] 列斐伏尔. 空间:社会产物与使用价值//包亚明. 现代性与空间的生产.

王志弘,译.上海:上海教育出版社,2003.
[50] 迈尔.音乐的情感与意义[M].何乾三,译.北京:北京大学出版社,1991.
[51] 普鲁斯特.追忆似水年华·第二卷[M].李恒基,徐继曾,译.南京:译林出版社,2012.
[52] 普鲁斯特.追忆似水年华·第一卷[M].李恒基,徐继曾,译.南京:译林出版社,2012.
[53] 苏珊·朗格.情感与形式[M].刘大基,傅志强,译.北京:中国社会科学出版社,1986.
[54] 沃林.《拱廊计划》中的经验与唯物主义[G]//阿多诺,德里达,等.论瓦尔特·本雅明:现代性、寓言和语言的种子.郭军,曹雷雨,译.长春:吉林人民出版社,2011.
[55] 沃林.瓦尔特·本雅明:救赎美学[M].吴勇立,张亮,译.南京:江苏人民出版社,2008.
[56] 伊格尔顿.审美意识形态[M].王杰等,译.桂林:广西师范大学出版社,2010.
[57] 伊塞尔.文本与读者的交互作用[J].姚基,译.上海文论,1987(3).
[58] 伊瑟尔.阅读活动:审美反应理论[M].金元浦,周宁,译.北京:中国社会科学出版社,1991.

译著——建筑学

[59] 德路.矶崎新的建筑[M].邱秀文,译//邱秀文.矶崎新.北京:中国建筑工业出版社,1990.
[60] 段义孚.经验透视中的空间和地方[M].潘桂成,译.台北:"国立编译馆",1998.
[61] 矶崎新.未建成/反建筑史[M].胡倩,王昀,译.北京:中国建筑工业出版社,2004.
[62] 矶崎新.筑波中心大厦之自注[M].邱秀文,译//邱秀文.矶崎新.北京:中国建筑工业出版社,1990.
[63] 卡斯腾·哈里斯.建筑的伦理功能[M].申嘉,陈朝晖,译.北京:华夏出

版社,2001.

[64] 克里斯多佛·武德尔德.人在废墟[M].张让,译.台北:边城出版公司,2006.

[65] 拉斯姆森.建筑体验[M].刘亚芬,译.北京:知识产权出版社,2003.

[66] 林奇.城市意象[M].方益萍,何晓军,译.北京:华夏出版社,2001.

[67] 芦原义信.街道的美学[M].尹培桐,译.天津:百花文艺处版社,2007.

[68] 诺伯格-舒尔茨.居住的概念:走向图形建筑[M].黄士钧,译.北京:中国建筑工业出版社,2012.

[69] 诺伯舒茨.场所精神:迈向建筑现象学[M].施植明,译.武汉:华中科技大学出版社,2010.

[70] 佩雷兹-戈麦兹.建筑空间:作为呈现和再现的意义[J].丁力扬,译.城市·空间·设计,2011(3).

[71] 佩雷兹-戈麦兹.透视主义之外的建筑再现[J].吴洪德,译.时代建筑,2008(6).

[72] 斯蒂芬·霍尔.锚[M].符济湘,译.天津:天津大学出版社,2010.

[73] 塔夫里.建筑学的理论和历史[M].郑时龄,译.北京:中国建筑工业出版社,2010.

[74] 文丘里,布朗,艾泽努尔.向拉斯维加斯学习[M].徐怡芳,王健,译.北京:知识产权出版社,中国水利水电出版社,2006.

[75] 詹克斯.后现代建筑语言[M].李大夏,译.北京:中国建筑工业出版社,1986.

[76] 卒姆托.思考建筑[M].张宇,译.北京:中国建筑工业出版社,2007.

国内文献

[77] 夏榆.矶崎新:未来城市是废墟[N].南方周末,2004-9-2(27).

[78] 陈丹,孟凡玉.无限维空间中的点:以留园为例,解析步移景异的空间涵义[J].武汉:华中建筑,2009,27:173-177.

[79] 陈镭.从赛博朋克看未来城市的精神维度[N].光明日报,2022-1-27(13).

[80] 丁力扬,王飞.如其所是的建筑[J].城市·空间·设计,2011(3).

[81] 封云. 步移景异:古典园林的游赏之乐[J]. 同济大学学报(社会人文版),1997,8(2):11-14.

[82] 刘先觉. 现代建筑理论:建筑结合人文科学自然科学与技术科学的新成就[M]. 北京:建筑工业出版社,2008.

[83] 罗松涛. 面向时间本身:胡塞尔《内时间意识现象学》研究[M]. 北京:中国社会科学出版社,2008.

[84] 缪朴. 无限·另一个世界:园林小品两则[M]. 建筑师. 1996(73):79-80.

[85] 倪梁康. 关于空间意识现象学的思考[G]//中国现象学与哲学评论·第十一辑. 上海:上海译文出版社,2010.

[86] 倪梁康. 现象学的意向分析与主体自识,互识和共识之可能[G]//中国现象学与哲学评论·第一辑. 上海:上海译文出版社,1995.

[87] 潘谷西. 江南理景艺术[M]. 南京:东南大学出版社,2001.

[88] 彭吉象. 艺术学概论[M]. 北京:北京大学出版社,2006.

[89] 彭怒,支文军,戴春,[C]. 现象学与建筑的对话. 上海:同济大学出版社,2009.

[90] 彭一刚. 中国古典园林分析[M]. 北京:中国建筑工业出版社,1986.

[91] 沈克宁. 建筑现象学[M]. 北京:建筑工业出版社,2007.

[92] 沈语冰. 20世纪艺术批评[M]. 杭州:中国美术学院出版社,2003.

[93] 王昌树. 海德格尔生存论美学[M]. 上海:学林出版社,2008.

[94] 王一川. 意义的瞬间生成[M]. 济南:山东文艺出版社,1988.

[95] 巫鸿. 废墟的故事:中国美术和视觉文化中的"在场"与"缺席"[M]. 上海:上海人民出版社,2012.

[96] 肖德生. 胡塞尔在贝尔瑙手稿中对两种滞留结构的描述分析[G]//倪梁康. 胡塞尔与意识现象学. 上海:上海译文出版社,2009.

[97] 肖德生. 胡塞尔在贝尔瑙手稿中对前摄的描述与分析[J]. 中山大学学报(社会科学版),2001(3):109-116.

[98] 张家骥. 中国造园论[M]. 太原:山西人民出版社,2003.

[99] 郑鸥帆. 画框变成文本:德里达视角下"画框"的语义转化[J]. 上海视觉,2022(1):67-71.

[100] 钟丽茜. 诗性回忆与现代生存:普鲁斯特小说审美意义研究[M]. 北京:光明日报出版社,2010.

[101] 周诗岩. 建筑物与像:远程在场的影像逻辑[M]. 南京:东南大学出版社,2007.

外文文献

[102] ADORNO T W. Notes o Literature,Volume One[M]. 上海:上海外语教育出版社,2009.

[103] CAROL W. "Drawing Towards Metropolis"[M]//FERRISS H. The Metropolis of Tomorrow. New York:Princeton Architectural Press, 1986.

[104] FERRISS H. The Metropolis of Tomorrow [M]. New York: Princeton Architectural Press,1986.

[105] HOLL S, PALLASMAA J, PEREZ-GOMEZ A. Questions of Perception — Phenomenology of Architecture [G]. Tokyo:A+U Publishing,2008.

[106] HUSSERL E. Phantasy, Image Consciousness and Memory [M]. Dordrecht:Springer,2005.

[107] RELPH E. Place and Placelessness[M]. London:Pion,1976.

[108] TUAN Y F. Place, Art and Self [M]. Charlatesville: Center of American Places,2004.

[109] TUAN Y F. Topophilia[M]. New Jersey:Prentice Hall,1974.

[110] ZUMTHOR P. Thinking Architecture[M]. Basel, Boston, Berlin: Birkhäuser — Publishers for Architecture,1999.

[111] APPELTON J. The Experience of Landscape[M]. New York:John Wiley & Sons,1996.

[112] CIMENT M. Les conquerants d'un nouveau monde [M]. Paris: Gallimard,1981.

[113] COOK J W, KLOTZ H. Conversations with architects:Philip Johnson, Kevin Roche, Paul Rudolph, Bertrand Goldberg, Morris

Lapidus, Louis Kahn, Charles Moore, Robert Venturi & Denise Scott Brown[M]. New York: Praeger, 1973.

[114] DERRIDA J. The Truth in Painting[M]. Chicago: University of Chicago Press, 1987.

[115] HUSSERL E. Ding und Raum[M]. Den Haag: Martinus Nijhoff, 1973.

[116] MIAO P. Worlds Apart: Common Meanings in Classical Gardens of East and West[J]. Landscape, 1992, 31(3).

[117] SCULLY V. Luis I. Kahn and the Ruins of Rome[J]. Engineering & Science, 1993(Winter).

[118] TAFURI M. The Sphere and the Labyrinth[M]. Massachusetts: MIT Press, 1987.

索 引

被动回忆　52,53,56-60,62,63,65-68,71,73,76,84,98,100,101,
　　105,114,131,152,154
本雅明　16,54,86,87,117,131-134,138,141,156-161,166-168,
　　182,191-193,197,206,207
场所认知　29-31,33,35,37-39,41,43,45,47-49,51,53,55,57,59,
　　61,63-65,67,69,71,73,75,78,79,84,85,100,107
场所审美　22,27,29-31,33,35,37,39,41,43,45,47,49,51-53,55,
　　57,59,61,63,65,67,69,71,73,75,77,79,81,83,85,87,89,91,
　　93,95,97,99,101,103,105,107,109,111,113,115,117,119,121,
　　123,125,201,202
场所体验　15,16,22,26,28,40,60,67,75,78,84,86,120,197
海德格尔　3,4,6-8,11,14-24,26,27,71,72,89-94,98-103,105-114,
　　116,119-130,132,141,142,150,152,161,182,199,200,205,209
胡塞尔　2,7,9,11,15-18,22,24,27,30-33,35-46,48,49,51-54,56,
　　63-68,72,74-76,81-88,90,98-101,107,108,115,157,194,204-
　　206,209
霍尔　4-7,9,13-15,59,135,143,187,188,196,197,200,208
建筑现象学　1-4,6-22,24-28,41,71,83,86,106,107,123,187,196,

201,202,208,209

迷失　27,28,67-75,78,84-88,100-103,105,108,115,119,124,125,
　　130,131,152,155-157,165,191,192,201

诗意地栖居　21,22,89,121,122,125,126,192

世界　4-6,8,11,19-21,23,25,26,31,36-39,45,46,54,58,72,75,
　　77,79,81-85,87-109,111-116,119-121,123-132,134,136,140,
　　142,145,150-153,155-159,163,166,170,171,176-179,183,186,
　　194,196,197,205,209

意向　3,11,15,31,37-40,42-46,48,49,65,66,72,73,75,86,94,98,
　　100,101,103-105,111,115,119,127,129,131,133,135,137,139,
　　141,143,145,147,149,151,153,155,157-159,161-163,167,170,
　　179,190,209

永恒　10,75,85,86,94,100,101,119,126,162,163,165-173,175,
　　177-179,181-183,185,186

卒姆托　7,9,14,59,60,70,71,88,97,98,135,188,189,197,198,
　　200,208